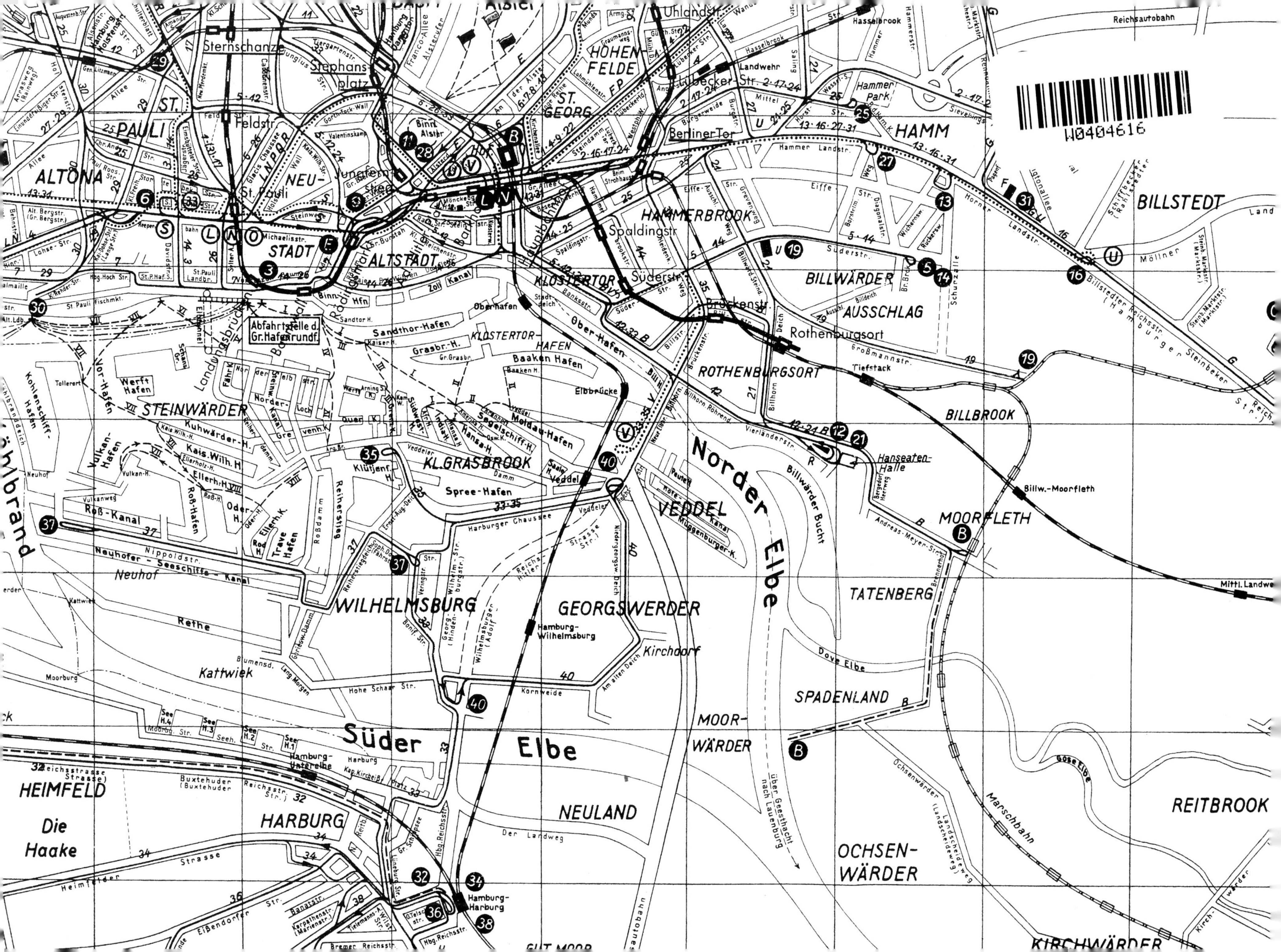
ALTONA
ST. PAULI
NEUSTADT
ALTSTADT
ST. GEORG
HOHENFELDE
HAMM
HAMMERBROOK
KLOSTERTOR
BILLWÄRDER AUSSCHLAG
ROTHENBURGSORT
BILLSTEDT
BILLBROOK
MOORFLETH
TATENBERG
SPADENLAND
STEINWÄRDER
KL. GRASBROOK
VEDDEL
WILHELMSBURG
GEORGSWERDER
MOORWÄRDER
NEULAND
OCHSENWÄRDER
REITBROOK
HEIMFELD
HARBURG
Die Haake
Neuhof
Kattwiek
Rethe
Süder Elbe
Norder Elbe
Dove Elbe
Gose Elbe
Billwärder Bucht
Sternschanze
Stephansplatz
Feldstr.
Jungfernstieg
Hauptbahnhof
Berliner Tor
Landwehr
Hasselbrook
Uhlandstr.
Lübecker Str.
Spaldingstr.
Süderstr.
Brückenstr.
Rothenburgsort
Tiefstack
Billw.-Moorfleth
Mittl. Landweg
Hanseaten-Halle
Hamburg-Wilhelmsburg
Hamburg-Unterelbe
Hamburg-Harburg
Abfahrtstelle d. Gr. Hafenrundf.
Sandthor-Hafen
Grasbr.-H.
Baaken Hafen
Oberhafen
Elbbrücke
Spree-Hafen
Moldau-Hafen
Segelschiff-H.
Hansa-H.
Kuhwärder-H.
Kais. Wilh. H.
Ellerh.-H.
Roß-Hafen
Roß-Kanal
Vulkan-Hafen
Werft Hafen
Kohlenschiff-Hafen
Vor-Hafen
Reiherstieg
Klütjenf. H.
Neuhofer - Seeschiffs - Kanal
Nippoldstr.
Harburger Chaussee
Reichsautobahn
Hammer Park
Hammer Landstr.
Horner Landstr.
Billstedter Reichsstr. (Hamburger Steinbeker Str.)
Möllner Landstr.
Großmannstr.
Vierländerstr.
Andreas-Meyer-Str.
Kirchdorf
Kornweide
Hohe Schaar Str.
Moorburg
Marschbahn
über Geesthacht nach Lauenburg
KIRCHWÄRDER

Gerhard Greß

Verkehrsknoten

Hamburg

unter Mitarbeit von Hermann Hoyer und Dierk Lawrenz

EISENBAHN KURIER
VORBILD UND MODELL

EK-Verlag

Titel-Aufnahmen

Oben links: Die Landungsbrücken am Hamburger Hafen, Anlegeplatz für die großen Passagierschiffe.
Aufnahme: Sammlung GG

Oben rechts: 01 1080 mit F 191 „Skandinavien-Holland-Express“ auf der Pfeilerbahn zwischen Hamburg Hbf und Hamburg-Veddel.
Aufnahme: Rainer Schnell

Unten links: Die Mönkebergstraße in Hamburg, 1964.
Aufnahme: GG

Unten rechts: Büssing-Doppeldeckerbusse gab es nicht nur in Berlin, sondern auch in Deutschlands zweitgrößter Stadt.
Aufnahme: Hermann Hoyer

Rücktitel

Schiffe, Schiffe und nochmals Schiffe. Blick über den Hamburger Hafen.
Aufnahme: Sammlung Dierk Lawrenz

03 130 am 5. Juni 1967 bei der Ausfahrt aus Hamburg-Altona.
Aufnahme: Rainer Schnell

Wer – aus südlicher Richtung kommend – Hamburg per Eisenbahn oder mit dem Pkw besuchen möchte, muss zuerst die Elbe überqueren. Die gewaltigen Stahlkonstruktionen geben dem Reisenden einen Vorgeschmack auf die Hansestadt und ihren Hafen, der zu den größten der Welt zählt. Oben geht der Blick über die Norderelbstraßenbrücke mit ihren mächtigen, erst in den fünfziger Jahren abgetragenen Türmen zur Norderelbeisenbahn- und Freihafenelbbrücke dahinter. Auf der Eisenbahnbrücke ist am linken Bildrand gerade noch ein Zug erkennbar. Die Freihafenbrücke ist zweistöckig ausgelegt und sollte in ihrer ersten Etage eine U-Bahn-Linie zu den linkselbischen Häfen aufnehmen.

Hamburg, Freie und Hansestadt, 747 km^2, 1,8 Mio. Einwohner. Hamburg liegt beiderseits der Unterelbe, 130 km oberhalb der Elbmündung, die bis dorthin auch für große Seeschiffe befahrbar ist. Hamburg verdankte seine überragende Bedeutung dem weiten Hinterland, das vor dem Zweiten Weltkrieg bis nach Oberschlesien und die Tschechoslowakei reichte. Durch die Zonengrenze wurde dieses natürliche Hinterland beschnitten und damit der Güterumschlag stark vermindert. Erst seit 1990 sind die Schienen- und Wasserwege wieder ungehindert befahrbar.

Hamburg wurde nach 800 gegründet und war 831 bereits Bistum für die Missionierung der Slawen. Die führende Hansestadt, die im Jahr 1510 Freie Reichsstadt wurde, blieb im Dreißigjährigen Krieg verschont. Dem wirtschaftlichen Aufstieg im 17. Jahrhundert folgte im 18. der kulturelle mit Lessing und Händel. Von der starken wirtschaftlichen Schädigung unter Napoleon Bonaparte erholte sich Hamburg rasch wieder und entwickelte sich im Laufe des 19. Jahrhunderts – nur unterbrochen durch die Brandkatastophe von 1848 – zu der Stadt, deren Verkehrswege wir Ihnen hier vorstellen.

ISBN: 3-88255-269-7

EK-Verlag – Postfach 500 111 – 79027 Freiburg

Inhaltsverzeichnis

Hamburg Hbf 1938. 03 193 wird mit D 3 gleich in Richtung Berlin abfahren, während die Reisenden im dahinter stehenden D 7 interessiert die Lok begutachten. Am Gänsemarkt mit seinen Jugendstil- und Bauhaus-Fassaden (unten) herrscht 1927 großstädtisches Leben.

Ein 5-Wagenzug der U-Bahn begegnet der „Cap Arkona“. Im Hintergrund links grüßt der Kaispeicher A. 24 Jahre später, am 23. Mai 1959, verlässt ein S-Bahn-Zug der Baureihe ET 171 den Bahnhof Hamburg-Altona, in dessen S-Bahn-Bereich die Umstellung auf Lichtsignale unmittelbar bevorstand.

Verkehrsknoten Hamburg

Verehrte Leserinnen und Leser,

um es gleich vorweg zu sagen: Dieses Buch erhebt keinen Anspruch auf Vollständigkeit. Es enthält auch keine Statistiken und Tabellen. Es will nicht anderes sein als eine Bilddokumentation über eine – so meine ich – besonders interessante Ära in der Verkehrsgeschichte der Hansestadt Hamburg: die dreißiger, vierziger, fünfziger und sechziger Jahre – Zeiten der Wirtschaftskrisen, des Zweiten Weltkriegs, des Aufbaus und der Erneuerung in vielen Bereichen des täglichen Lebens, des Strukturwandels auf Schienen, Wasser, und Straßen.

Zu Beginn der sechziger Jahre war ich zum ersten Mal in Hamburg. Die Größe dieser Stadt, ihre gewaltigen Eisenbahn- und Hafenanlagen beeindruckten mich sehr – wie klein und ruhig – fast ländlich – war dagegen meine Heimatstadt Freiburg im Breisgau. Bis dahin „kannte" ich Hamburg nur aus Büchern und vom „Erd- und Heimatkunde"-Unterricht in der Schule (so etwas gab es damals noch). Diesem ersten Besuch folgten zahlreiche weitere, zeitweise sogar mehrere innerhalb eines Jahres.

Betrachten Sie bitte – wie im „Verkehrsknoten Freiburg" – die Abschnitte bis in die dreißiger Jahre als erweitertes Vorwort. Es ist unmöglich, die Jahre nach dem Zweiten Weltkrieg zu beschreiben, ohne auf die Zeit davor eingegangen zu sein. Zu tief waren – in jeder Hinsicht – die Einschnitte der beiden Weltkriege, als dass man sie unbeachtet lassen könnte. Viele Jahre sind seither vergangen, und nur anhand von Fotografien können heute die Nachkriegsjahre überhaupt noch verständlich gemacht werden: Sie zeigen zwar eine tief getroffene, zerstörte Hansestadt, Bahnanlagen, grenzenloses Elend und Heimatlosigkeit – aber nicht den Hunger und die oft vergeblichen Versuche, von heute auf morgen zu überleben.
Gehen Sie mit uns durch die Zeit nach dem Zweiten Weltkrieg und die „Wirtschaftswunderjahre", die „Fünfziger" und „Sechziger", durch eine hochinteressante Ära der Eisenbahn, die sich – zunächst fast unmerklich – veränderte, und schließlich untergegangen ist. Wie kaum eine andere hat sich diese – „Epoche III" genannte – Zeit in den Erinnerungen nicht nur der Eisenbahnfreunde festgesetzt. Und nicht umsonst ist die Epoche III auch heute noch Vorbild für zahllose junge und jung gebliebene Modelleisenbahner, die diese Zeit auf ihrer Anlage am Leben erhalten wollen.

Besonderer Dank gilt den Herren Hermann Hoyer und Dierk Lawrenz für ihre Mitarbeit. Zeitliche und vor allem berufliche Gründe hinderten sie, dieses Buch so fertig zu stellen, wie sie es sich erhofft hatten. Danke sagen möchte der EK-Verlag auch den – in alphabethischer Reihenfolge genannten – Bildautoren für ihre wertvollen Aufnahmen, wobei es unerheblich ist, ob nun jeweils eine oder zehn Bilder Verwendung fanden: Hermann Hoyer, Uwe-Jens Jansen, John Jürgens, Günter Köhler, Dierk Lawrenz, Günter Menck, Gerd Neumann, Peter Pekny, Dr. Brian Rampp, Joachim Rodatz, Rainer Schnell, Dr. Thomas Samek, Ernst Andreas Weigert und Hansjürgen Wenzel.

Die bunte und nicht stur ausgerichtete Themenfolge ist beabsichtigt. Dabei ist es nicht leicht gefallen, aus der großen Anzahl der zur Verfügung stehenden Aufnahmen einen Querschnitt des Verkehrs in dieser großen Stadt auszuwählen – aber vielleicht ist auch etwas aus Ihrer „Ecke" mit dabei, verehrte Leserinnen und Leser, worüber ich mich natürlich besonders freuen würde.

Freiburg, im November 2001, Gerhard Greß

Im ruhigen Wasser des Oberhafens dümpeln am 3. Mai 1952 Schlepper vor sich hin, während eine 03 mit D 75 die Oberhafenbrücke überquert – ein schönes, typisches Bild der Hansestadt Hamburg. Im Hintergrund sind (von links) die Obergeschosse der großen Kontorhäuser, Rathausturm, Petrikirche, Meßberghof, Chilehaus und Sprinkenhof, vor der Lok das spitze Dach der Deichtorhalle zu sehen.

Wie alles begann

Der alte Hamburger Bahnhof in Bergedorf auf einem Bild vom März 1911. Mit ihm und seinem entgegengesetzten Endpunkt in Hamburg begann 1842 die Eisenbahngeschichte der Hansestadt. Die Aufnahme zeigt die Schalterhalle des aus Holz errichteten Gebäudes, das die Zeiten bis heute überstanden hat!

Hamburg, das Tor zur Welt. Wer kennt nicht diesen Spruch? Wohl jeder! Er bezieht sich auf einen Hafen, der seinesgleichen sucht. Ach ja, da war doch noch irgend etwas anderes, was Hamburg – allerdings auf anderem Terrain und sehr viel später – so berühmt gemacht hat, wie hieß er doch gleich, „Fliegender Holländer" – 'ne Hamburger. Richtig, der „Fliegende Hamburger". Dieser hat jedoch nicht im entferntesten etwas mit jenem verwunschenen niederländischen Seemann zu tun, den Richard Wagner in seiner Oper verewigte. Aber auch nichts mit Flugzeugen. Aber nichtsdestotrotz steht der Name „Fliegender Hamburger" unauslöschlich an der Spitze der Entwicklung des modernen Schienenschnellverkehrs in Deutschland, die durch den Ausbruch des unglückseligen Zweiten Weltkriegs am 1. September 1939 jäh zu Ende ging.

Mit dem durch die Jahrhunderte des Welthandels geschärften Weitblick erkannten die Verantwortlichen der Freien und Hansestadt schon früh die Bedeutung der Eisenbahn als ein Verkehrsmittel, das es ermöglichte, die im Hafen ankommenden Waren rasch weiter zu transportieren. Am 18. Dezember 1838 wurde die Hamburg-Bergedorfer Eisenbahn-Gesellschaft gegründet. Aber Hamburg konnte zunächst wenig ausrichten. Die politischen (= kleinstaatlichen) Verhältnisse in Deutschland waren in jenen Jahren alles andere als der Eisenbahn förderlich. Die direkten Nachbarn Hamburgs, das Königreich Hannover sowie die von Dänemark beherrschten Herzogtümer Schleswig und Holstein, beeilten sich, ihre eigenen Bahnen von Hannover/Lehrte nach Harburg und von Kiel nach Altona zu bauen, also an Hamburg vorbei (Altona und Harburg kamen erst 1937 zu Hamburg). Immerhin zeigte sich die benachbarte Hansestadt Lübeck den Plänen Hamburgs aufgeschlossen und gab ihr Einverständnis zum Bau einer elbaufwärts führenden Eisenbahn nach Bergedorf, das damals den beiden Hansestädten unterstand. Diese in Richtung Berlin zielende Bahn kam außerdem dem preußischen Magdeburg und dem sächsisch-Leipziger-Raum entgegen, die sich von einer zukünftigen Linie Hamburg – Bergedorf – Berlin günstige Streckenanbindungen erhofften.

Schwierig gestalteten sich für die Hamburg-Bergedorfer Eisenbahn-Gesellschaft auch die Erwerbsverhandlungen mit den Grundstückseigentümern entlang der geplanten Strecke, und – damals wie heute – mussten zahlreiche Enteignungsverfahren eingeleitet bzw. abgeschlossen werden, um überhaupt mit den Arbeiten beginnen zu können.

Der erste Bahnhof Hamburgs entstand nahe des Deichtores innerhalb der alten Befestigungsanlagen, die man sowieso nicht mehr brauchte und nach und nach geschleift wurden. Auch Bergedorf erhielt einen Bahnhof mit Schuppen für Lokomotiven, Wagen und Güter. Der Bau der 16 Kilometer langen Strecke, auf der nachträglich vier Haltepunkte eingerichtet wurden, ging ohne technische Probleme voran, so dass bereits im Februar 1842 die ersten Probefahrten mit einer im Vorjahr in Newcastle bestellten 1A1-Stephenson-Lok namens „Hansa" durchgeführt werden konnten. Drei weitere Maschinen dieses Typs folgten im Frühjahr 1842, die in die Zukunft weisende Namen erhielten: „Berlin", „Magdeburg" und „Hannover". Mit ihnen konnte nun die Eröffnung der Hamburg-Bergedorfer Eisenbahn auf den 7. Mai 1842 festgelegt werden.

Der Bahnhof Sternschanze an der zweigleisigen Verbindungsbahn wurde am 15. Mai 1903 geschlossen. Die nächste Station – in Richtung Altona – war der Grenzbahnhof Schulterblatt.
Unten: Ein Kuriosum waren die Hamburger Bahnanlagen bis zum Bau des Hauptbahnhofs 1906. Am Berliner Bahnhof vorbei wird ein Schnellzug Richtung Süden zum Hannoverschen Bahnhof gezogen. Im Hintergrund links der Bahnhof Klostertor.

Doch es sollte nicht sein. In der Nacht vom 4. auf den 5. Mai brach ein Feuer aus, das rasch riesige Ausmaße annahm und in den folgenden Tagen 1.800 Häuser – rund ein Viertel der Stadt – zerstörte. Über 50 Menschen verloren ihr Leben, 20.000 ihr Hab und Gut. Die Hamburg-Bergedorfer-Eisenbahn bestand ihre Bewährungsprobe, aber unter traurigen Voraussetzungen beim Transport verletzter und flüchtender Einwohner aus der brennenden Stadt. Die Eröffnung wurde am 16. Mai 1842 zwar nachgeholt, zum Jubeln war jedoch niemand mehr zumute …

Sehr bald zeigte sich, dass der Ausbau und die Weiterführung der Hamburg-Bergedorfer Eisenbahn zur Fernbahn dringlich wurden, zumal sich im benachbarten Altona die Vorbereitung der Strecke nach Kiel abzeichnete. Um eine Eisenbahn Hamburg – Berlin überhaupt zu ermöglichen, war bereits 1842 ein Staatsvertrag zwischen Hamburg, Lübeck, Dänemark, Mecklenburg-Schwerin und Preußen erarbeitet worden. Dieser wurde jedoch in Frage gestellt, weil Mecklenburg-Schwerin die Trassenführung über Perleberg wünschte, schließlich stimmte man aber der für Magdeburg vorteilhaften über Wittenberge zu. Dänemark wiederum wollte die Strecke über Lauenburg geführt haben, aber die Gesellschaft bestand – aus Kostengründen – auf der günstigeren Trassierung über Büchen, die letztlich auch ausgeführt wurde.

Nachdem den speziellen Wünschen stattgegeben worden war – oder auch nicht –, ging es mit den Arbeiten zügig voran. In Hamburg wurde die noch recht bescheidene Endstation zum „Berliner Bahnhof" ausgebaut. Die Strecke wurde zweigleisig trassiert, aber zunächst eingleisig ausgeführt. Das zweite Gleis folgte 1866. Berlin – Boizenburg wurde am 15. Oktober 1846 eröffnet, der Abschnitt bis Bergedorf folgte am 15. Dezember. Die Hamburg-Bergedorfer-Eisenbahn-Gesellschaft verpachtete nun den gesamten Betrieb auf ihrer Strecke an die Berlin-Hamburger Bahn. Neun Stunden benötigten die schnellsten Züge für die 287 Kilometer lange Strecke von Berlin nach Hamburg, damals eine unglaubliche Zeit.

Die zweite Eisenbahnlinie im – heutigen – Hamburg war die „Christiansbahn" von Altona nach Kiel, die am 18. September 1844, dem Geburtstag des dänischen Königs, eröffnet wurde. Auch sie war ein Privatunternehmen. Die 105 Kilometer lange Strecke entwickelte sich ausgezeichnet, wozu auch die Elmshorn-Glückstädter Bahn (ein Teil der späteren Marschbahn) beitrug, die am 20. Juli 1845 ihren Betrieb aufnahm. Sehr großzügig ausgeführt waren die Bahnhofsanlagen in Altona, dessen spätklassizistisches Empfangsgebäude die Zeiten durch seine Einbeziehung in den Bau des Neuen Rathauses bis heute überstanden hat.

Einiges an politischer Brisanz enthielt der Plan der Altona-Kieler Eisenbahngesellschaft, eine grenzüberschreitende Verbindungsbahn zwischen den Endstationen der Berliner und der Kieler Strecke zu erstellen. Obwohl es natürlich keineswegs an der Einsicht in die Notwendigkeit mangelte, brauchte es wieder seine Zeit, bis man sich über die Trassenführung einigen konnte. Diese wurde schließlich vom Berliner Bahnhof aus entlang der aufgelassenen Festungsanlagen über die damals hölzerne Lombardsbrücke geführt. Die heute noch befahrene Brücke wurde in den Jahren 1865 bis 1868 erbaut. An der zweigleisig ausgelegten Strecke errichtete man die Stationen Dammtor, Sternschanze und Schulterblatt, an letzterer wurde die Grenze zwischen Hamburg und Altona überschritten, bevor die Strecke – aus nordöstlicher Richtung kommend – im Bahnhof Altona endete. Nicht so einfach stellte sich die Situation im Berliner Bahnhof dar. Die Verbindungsbahn konnte nicht direkt in den Bahnhof geführt werden, daher musste, fast im rechten Winkel, der Bahnhof Klostertor als Endpunkt der Verbindungsbahn auf der Hamburger Seite geschaffen werden. Am 16. Juli 1866 wurde die Verbindungsbahn dem öffentlichen Verkehr übergeben, nachdem bereits seit September des Vorjahres Güterzüge auf der Altonaer Seite unterwegs waren. Am Bahnhof Klostertor vorbei wurde ein Verbindungsgleis zu den Güteranlagen des Berliner Bahnhofs verlegt. Die Verbindung (Berlin –) zur Verbindungsbahn berührte jedoch nicht den Berliner Bahnhof, sondern zweigte vorher ab und erhielt am Bahnhof Klostertor zwei Bahnsteige. Der Betrieb wurde von der Altona-Kieler Eisenbahn durchgeführt, die dafür jährlich eine Pacht von 80.000 Mark an Hamburg entrichten musste.

Fast in Sichtweite des Bahnhofs Klostertor bzw. Berliner Bahnhofs war unterdessen der Lübecker Bahnhof als Endstation der 63 Kilometer langen Verbindung Lübeck – Hamburg entstanden, gegen deren Bau sich Dänemark zunächst mit aller Macht gewehrt hatte. Erst als die dänische Regierung erkannte, dass die bereits seit 1851 von der Lübeck-Büchener Eisenbahngesellschaft (LBE) betriebene Strecke Lübeck – Büchen keine Konkurrenz zur Strecke Altona – Kiel darstellen würde, gab sie gegen Ende der fünfziger Jahre des 19. Jahrhunderts ihre Zustimmung zu dem Projekt der Direktverbindung der beiden Hansestädte.

Immer schneller begann sich das neue Verkehrsmittel „Eisenbahn" durchzusetzen. Grund genug für die Altona-Kieler Eisenbahn, sich auch mit einer Strecke zu befassen, deren Ausführung – unternehmerisch gesehen – durchaus gewagt war, da sich hier kaum Güteraufkommen abzeichnete. Aber die Ortschaften an der Elbe waren auch zu damaliger Zeit bereits gern besuchte Ausflugsziele, in deren bevorzugter Lage sich außerdem mehr und mehr wohlhabende Hansestädter niederließen. So entstand, fast gleichzeitig mit der Verbindungsbahn, die knapp zehn Kilometer lange Blankeneser Bahn mit der Endstation in Blankenese. Eröffnet wurde sie am 19. Mai 1867, die Haltepunkte in Bahrenfeld und Flottbek wurden erst später eingerichtet. Die Verlängerung bis Wedel erfolgte 1883. Ab 1892 wurde sie nach und nach grundlegend überarbeitet und zweigleisig ausgebaut. Als moderne S-Bahn-Strecke mit heute immer noch vorhandenen Flügelsignalen in Blankenese zählt die Strecke in unseren Tagen zu den bevorzugten Zielen der Eisenbahnfotografen.

Harburg gehörte zum Königreich Hannover. Was lag also näher, als diesen wichtigen Hafen so rasch wie nur irgend möglich an das Schienennetz anzubinden? Hannover hatte sich in den Jahren bis 1847 bereits eine gute Position im Schienenverkehr geschaffen, und die

Der Hannoversche Bahnhof (bis 1892 Venloer) am 6. August 1904. Durch alle fünf Portale führten Gleise, drei davon zu einer vor dem Gebäude liegenden Drehscheibe. Unter dem vierten Portal steht ein Zug zur Fahrt in Richtung Klostertor bereit.

Eröffnung der Strecke Celle – Harburg am 1. Mai 1847 versprach nun eine weitere Verbesserung der wirtschaftlichen Perspektiven, übrigens auch für den Schiffsverkehr. Denn Harburg erhielt von Anfang an Gleisanlagen, die bis zu den Schiffen reichten, ideale Voraussetzungen also, auf die Hamburg noch fast 20 Jahre lang warten musste. Immerhin erkannte – allem Konkurrenzdenken zum Trotz – auch Hannover die Wichtigkeit einer Verbindung Harburgs mit der Hansestadt, die durch Norder- und Süderelbe sowie die über Wilhelmsburg verlaufende Grenze voneinander getrennt waren. Eisenbahnbrücken waren zwar technisch mög-

Vier Bahnsteige überspannte die imposante Holzkonstrution des Berliner Bahnhofs in Hamburg, der inmitten der zum Hafen (links) und über Klostertor und Verbindungsbahn nach Altona (rechts) abzweigenden Gleise errichtet worden war. Am 15. Oktober 1846 wurde die Strecke Berlin – Boizenburg und exakt zwei Monate später der Abschnitt bis Bergedorf eröffnet. Damit war die durchgehende Bahnverbindung Berlin – Hamburg fertiggestellt. Rechts an der Halle vorbei geht es über Klostertor zur Verbindungsbahn. Während des Umbaus der Hamburger Bahnanlagen wurde der sogenannte „Interimsbahnhof" Lippeltstraße (unten) errichtet. Er übernahm für drei Jahre die Aufgaben des abgebrochenen Berliner Bahnhofs, der dem Bau des neuen Hauptbahnhofs weichen musste.

lich, aber offensichtlich zu teuer. Bis zur Eröffnung der Elbbrücken sollten noch rund 25 Jahre vergehen. Sie kamen mit der Venloer Bahn. Mit diesem Namen ist die Hauptstrecke Hamburg – Bremen – Osnabrück – Münster – Haltern (– Ruhrgebiet) gemeint, die in Haltern eine abzweigende Linie über Wesel nach Venlo hatte. Das Fernziel der Planer war allerdings Paris. Schwierigkeiten bezüglich der Ausführung dieses Gedankens machte wiederum Hannover, das jedoch 1866 preußische Provinz wurde. Preußen stand den Plänen aufgeschlossen ge-

In Sichtweite des alten Dammtorbahnhofs (rechts am Bildrand) entstand 1903 das neue Empfangsgebäude, das an Größe und Eleganz nichts mehr mit der alten Verbindungsbahn-Station gemeinsam hatte. Er überstand fast unbeschadet die Bombennächte des Zweiten Weltkriegs. Die rückwärts an dem Personenzug vorbeifahrende Lok war eine preußische T 15.

genüber und erteilte 1868 der Köln-Mindener Eisenbahngesellschaft die Konzession zum Bau der Strecke Venlo – Harburg, gleichzeitig genehmigte Hamburg deren Weiterführung bis zu einem neu zu erstellenden Bahnhof rechts der Elbe und den Anschluss an die Verbindungsbahn. Die Arbeiten begannen sofort, und bereits am 1. Dezember 1872 konnte der knapp 11 Kilometer lange Streckenabschnitt über die neuen Elbbrücken von Harburg über Wilhelmsburg nach Hamburg Venloer Bahnhof (ab 1892 Hannoverscher Bahnhof) dem Betrieb übergeben werden. Durch die extra dafür vorgesehenen Portale im Mitteltrakt des Empfangsgebäudes der neuen Station wurden fünf Gleise verlegt. Drei davon führten zur unmittelbar davor gelegenen Drehscheibe, eines über den Oberhafen und am Berliner Bahnhof vorbei zum Bahnhof Klostertor an der Verbindungsbahn. Schrittweise begann das Bild der Eisenbahnlandschaft in Hamburg und seiner Umgebung Formen anzunehmen.

Da der alte Kopfbahnhof sich nicht mit den neuen Strecken verknüpfen ließ, erhielt Harburg übrigens ebenfalls eine neue Station, allerdings als Provisorium, da der Bau einer Bahnlinie über Stade nach Ritzebüttel/Cuxhaven vorgesehen war und sich somit ein gemeinsamer Bahnhof für alle Strecken anbot. Ritzebüttel einschließlich Cuxhaven war (bis 1937) eine Exklave Hamburgs. Die Hapag hatte größtes Interesse an einem zügigen Bau der Strecke und dem Ausbau des dortigen Hafens, da die große Zahl der Auswanderer nach Nordamerika – hier lag man im Wettbewerb mit Bremen – in Hamburg nicht die Möglichkeit hatte, von den Zügen direkt auf die Schiffe umzusteigen. Aber erst 1881 konnte die Unterelbische Eisenbahn-Gesellschaft die Strecke Harburg – Cuxhaven fertigstellen und in Betrieb nehmen. Die Unterelbische Eisenbahn-Gesellschaft errichtete zunächst eine eigene Station, deren Gleise immerhin mit den anderen Strecken verbunden waren und somit ab 1882 durchgehende Züge von Hamburg Venloer Bahnhof über Harburg nach Cuxhaven ermöglichten. Preußen sorgte jedoch ab 1879 mit den Verstaatlichungen der Eisenbahnen dafür, dass die unseligen, kontraproduktiven Gegensätze der Interessen zwischen den Privatbahnen nach und nach beendet wurden.

Das war auch höchste Zeit, denn durch das egoistisch-kleinstaatliche Denken und Bauen waren auch gegen Ende des 19. Jahrhunderts – bei aller Größe und dem Glanz seines Weltverkehrs – die Bahnanlagen Hamburgs eher ein Kuriosum als eine Visitenkarte der Stadt. Aber nun ging es schrittweise voran. 1897, sieben Jahre nach der Verstaatlichung der Unterelbebahn, wurde der neue, in Insellage errichtete Harburger Hauptbahnhof eröffnet. Gleichzeitig war auch die Neugestaltung der Harburger Bahnanlagen abgeschlossen. Bereits 1893 war der Bahnhof Holstenstraße (bis 1937 Altona-Holstenstraße) eröffnet worden, dem 1903 der Dammtorbahnhof und der Bahnhof Sternschanze folgten, drei schöne Gebäude, von denen nur der Dammtorbahnhof den Zweiten Weltkrieg einigermaßen unbeschadet überstand. Nicht mehr zeitgemäß waren die Verkehrsverhältnisse bei der 1886 in die Preußische Staatsbahn aufgenommenen Altona-Kieler Bahn, deren Endstation in Altona dem Betrieb längst nicht mehr gewachsen war und die Stadt abschnürte. Etwa einen Kilometer nördlich des alten Bahnhofs wurde ein neuer Kopfbahnhof angelegt. Den Rangierbahnhof

So sahen die Lokomotiven der Berlin-Hamburger Eisenbahn im Jahr 1872 aus. Oben die 1B-Personenzuglok „Dömitz" von Schwartzkopf in Berlin gebaut. Ebenfalls aus Berlin, aber von Borsig stammt die „Pfalzburg", eine Güterzuglokomotive mit der Fabriknummer 2764.

verlegte man nach Langenfelde. Im Rahmen dieser Neugestaltung musste auch der westliche Teil der Verbindungsbahn neu trassiert werden. Am 30. Januar 1898 konnte der neue Bahnhof Altona in Betrieb genommen und der alte, einschließlich seiner Gleisanlagen, abgetragen werden. Vier Bahnsteighallen überspannten zunächst die Gleise des neuen Bahnhofs, die fünfte kam erst 1907 mit der Elektifizierug der Vorortbahn (spätere S-Bahn) hinzu. Trotz der Verlegung wurde die Kilometrierung nicht geändert.

Wo bis 1899 der Friedhof St. Georg und die Wälle der alten Stadtbefestigungen zu sehen waren, gähnt 1902 eine riesige Baugrube. Hier entsteht der überaus wichtige Hauptbahnhof (unten), mit dessen Eröffnung 1906 endlich Ordnung in die Bahnanlagen Hamburgs kam.

Nach wie vor fehlte es der Hansestadt jedoch an einem zentralen, alles ordnenden Bahnhof. Die in der Privatbahnzeit völlig unorganisch gewachsenen Bahnlinien hatten ihre getrennten Endbahnhöfe, die durch Verbindungsgleise miteinander verknüpft waren. Aber diese führten über belebte Straßen mitten durch die Stadt, ein Zustand, der in den Jahren um 1900 einfach nicht mehr zu verantworten war. Denn noch immer rollten die Züge im Schritttempo von einem Bahnhof zum anderen, vorneweg maschierend ein Eisenbahner mit Fahne und

Glocke. Es muss schon ein erhebendes Schauspiel gewesen sein, wenn sich z. B. der Kölner Schnellzug wie eine Straßenbahn vom Klostertorbahnhof – der sich trotz seiner bescheidenen Größe längst zur zentralen Fernstation entwickelt hatte – durch die Bahnhofstraße am Berliner Bahnhof vorbei in den Hannoverschen Bahnhof am Oberhafen einfädelte. 1899 begannen die Vorarbeiten zum Bau des Hauptbahnhofs, der am Glockengießerwall in Sichtweite des Klostertorbahnhofs entstehen sollte. Wo einst der Friedhof St. Georg und der Wallgraben lagen, gähnte 1902 eine riesige, tiefe Baugrube. Der neue Bahnhof entstand in Tieflage, um den alten Stadtkern Hamburgs mit dem Stadtteil St. Georg nicht durch die Gleise zu trennen, sondern vielmehr in Verbindung zu halten. Diese wurde hergestellt durch neue Straßenbrücken auf beiden Seiten der gewaltigen Bahnsteighalle sowie durch weitere Brücken in der Nähe der entstehenden Bahnhofsanlage, deren Gestaltung von den Ham-

Kaum eine Aufnahme spiegelt mehr die sich verändernde Eisenbahnwelt wider, als die des kleinen, aber wichtigen Bahnhofs Klostertor, und der mit 73 m Spannweite alles überragenden Bahnsteighalle des neuen, fast fertigen Hauptbahnhofs im Hintergrund.

burger Bürgern als sehr gelungen erachtet wurde. Nicht ganz so glücklich war man jedoch über die Einflussnahme Kaiser Wilhelms II. beim Bau des Empfangsgebäudes, das – in seinem Sinne – ein pompöses Aussehen erhalten sollte. Aber letztlich überwog die Freude über den neuen Hauptbahnhof, der am 6. Dezember 1906 eröffnet wurde. Mit ihm war die Umgestaltung der Hamburger Bahnanlagen abgeschlossen, und endlich hatte alles – wenn auch nach vielen Umwegen – seine Ordnung erhalten.

Straßenbahnen

Ein Nadelöhr des großstädtischen Verkehrs war um 1900 der Große Burstah. Hier musste der größte Straßenbahnbetrieb Hamburgs bewältigt werden. Der Blick vom Graskeller aus in den Großen Burstah zeigt, wie eng die Innenstadt geworden ist, von der verschiedene Linien in Richtung Westen an den Hafen, nach St. Pauli, Altona und Eimsbüttel ausstrahlen. 1912 wird hier ein neues Hochbahn-Viadukt genau vor den Augen des Fotografen entstehen und die nächste Epoche im Nahverkehr ankündigen.

Die Hamburger Straßenbahn nahm eine ähnliche Entwicklung wie die zahlreicher anderer Städte mit einer Ausnahme – sie begann wesentlich früher. In den Biedermeiertagen des 19. Jahrhunderts war die Hansestadt noch von ihren Befestigungswällen eingeschlossen, die Gassen eng, die Entfernungen nicht allzu groß, alles war noch überschaubar. In unmittelbarer Nachbarschaft lag das dänische Altona, das einen fast ungezügelten Ehrgeiz entwickelte, das größere Hamburg zu überflügeln. Zwischen diesen betriebsamen Städten nahm am 31. Oktober 1839 die Firma Basson & Co. die erste „Omnibuslinie" von Hamburg nach Altona in Betrieb, also lange bevor die Eisenbahn diese Lücke füllen konnte. Es darf natürlich nicht unerwähnt bleiben, dass es auf dieser „internationalen Linie" des öffentlichen Nahverkehrs verboten war, zollpflichtige Waren mitzunehmen. Nur zwei Monate später, im Dezember 1839, gab es außer der Basson-Linie zwei weitere „Bus"-Verbindungen nach Altona, die bereits pünktlich alle 15 Minuten verkehrten. Auch in Wandsbek, Hamm, Horn, Barmbeck (das „c" wurde erst am 27. September 1946 gestrichen) und anderen Stadtteilen Hamburgs wurden bald danach Pferdebuslinien eröffnet, die jedoch anfangs eher durch Unzuverlässigkeit von sich Reden machten. Sie verkehrten nämlich in den ersten Jahren höchstens zwei- bis dreimal täglich und ließen sich in der kalten Jahreszeit gleich gar nicht sehen.

In den Jahren ab 1860 begann mit der Verlegung von eisenbeschlagenen Holzschienen zwischen Hamburg und Wandsbek ein neues Zeitalter: Am 16. August 1866 konnte die erste Pferdebahn fahren. Diese modern anmutende Verbindung, der bald weitere Pferdebahnen nach Barmbek, Eimsbüttel, Hoheluft und Hamm folgten, veranlasste viele Hamburger die es sich leisten konnten, ihr Zuhause in die Vororte zu verlegen. Heraus aus der drängenden Enge an die frische Luft. Die schmalen Gassen und Straßen Hamburgs und Altonas verhinderten zunächst die vorgesehene Verlegung von Pferdebahngleisen zwischen diesen Städten. 1878 wurde die Linie durch den Alten Steinweg eröffnet – und entwickelte sich rasch zur rentabelsten aller Pferdebahnen.

Bereits drei Jahre zuvor hatte man mit den Versuchen einer Dampfstraßenbahn auf der Wandsbeker Strecke begonnen. Dem großen Vorteil, zwei Wagen mitführen zu können, stand der Nachteil gegenüber, die Häuser, Wäsche und Wege zu verrußen bzw. zu verqual-

Hamburg-St. Pauli, bei den Landungsbrücken, vor 1905. Vorbei ist es mit dem Hüh und Hott der Pferdebahnen, der „Hafermotor" hat – zumindest im öffentlichen Nahverkehr – fast ausgedient. Elektrische Straßenbahnen beherrschen das Bild. Auch die Mastenwälder der Segelschiffe haben sich inzwischen deutlich gelichtet. Der jahrzehntelange Wettkampf zwischen Wind und Dampf ist entschieden. Bereits 1889 wurde die Zahl der Segler erstmals von Dampfern überrundet, in der Hansestadt waren nur noch 271 Segelschiffe gegenüber 274 Dampfschiffen beheimatet.

Alltag bei den Landungsbrücken in St. Pauli in den Jahren um 1906. An die wilhelminisch-klotzige Architektur muss sich das Auge erst gewöhnen. Noch spielt sich das Leben auf der Straße ab, die Ruhe wird nur von Pferdefuhrwerken und dem Rumpeln der „Elektrischen" unterbrochen. Stolz präsentieren sich Fahrer und Schaffner (rechts) mit ihrer neuen Altonaer Centralbahn, die das Laufschild „nach Königstraße – Altona H:Bahnhof – Friedenseiche" trägt. Die Aufnahme entstand in der Klaus-Groth-Straße kurz nach der Eröffnung am 7. März 1896.

men, und die Flüche der anwohnenden Hamburgerinnen würden sicher Bände füllen. Das „rauchende Plätteisen", wie die Fuhre achtlos genannt wurde, war von 1879 bis 1897 in Betrieb. Aber auch die mit Akkumulatoren betriebenen Elektrowagen konnten sich nicht durchsetzen. Zu oft blieben sie stehen und mussten von Pferden abgeschleppt werden. Diese waren eben zuverlässig und sorgten ganz nebenbei dafür, dass den Kleingärtnern die Pferdeäpfel zum Düngen ihrer Beete nicht ausgingen …

Aber in einer permanent wachsenden Stadt, die auf dem besten Weg war, Millionenstadt zu werden, genügten auf Dauer weder Pferdebahnen noch Alsterdampfer – auch nicht die Eisenbahn. Die Zeit der elektrischen Straßenbahnen war gekommen. Bevor jedoch mit ersten Versuchen für ein derart umwälzendes Unterfangen begonnen werden konnte, gab es vieles zu beachten: Es mussten u. a. Fahrleitungen geschaffen werden, die – so die allgemeine Ansicht – das Stadtbild völlig verschandelten. Auch die wesentlich höhere Geschwindigkeit, nämlich 12-18 km/h, durfte, im Vergleich zum bisherigen leichten Pferdetrab, nicht unterschätzt werden. Doch allen Bedenken, Protesten und Eingaben zum Trotz war die „Elektrische" nicht mehr aufzuhalten. Das wussten wohl auch jene, die sich zunächst überhaupt nicht mit ihr anfreunden konnten. So kam der 5. März 1894 – er sollte ein großer Tag in der Geschichte des Hamburger Nahverkehrs und der elektrischen Bahnen werden: Vom Berliner Bahnhof (dem heutigen Deichtorplatz) über den Klosterwall, Glockengießerwall, Lombardsbrücke, Ringstraße, Glacisschanze, Sylter Allee zu den Landungsbrücken, am Hafen entlang und wieder zurück zum Berliner Bahnhof führte die neue Ringbahn – von den einen voller Stolz begrüßt, von den anderen misstrauisch begutachtet und (noch) verspottet.

Nur fünf Wochen später wurde die längste Pferdebahnlinie – von der Veddel zum Schlump – in den elektrischen Betrieb übernommen und nach weiteren fünf Wochen die Strecke nach Eimsbüttel. Das moderne Verkehrsmittel eroberte sich im Sturm die Sympathien der Bevölkerung, die den Nutzen der pünktlich und schnell verkehrenden Fahrzeuge rasch erkannte und schätzte. Es dauerte auch nicht lange, da stapelten sich bei der Straßen-Eisenbahn-Gesellschaft und im Hamburger Rathaus die Beschwerdebriefe – aber nicht etwa die der oben genannten Spötter, sondern die derjenigen Stadtteile, die noch nicht an das elektrische Straßenbahnnetz angeschlossen waren. Die Zeit des „Hafermotors" ging sehr rasch zu Ende. Die anderen in Hamburg tätigen Bahnen – Hamburg-Altonaer Pferdebahn, Hamburg-Altonaer und North-Western Tramway – schlossen sich an.

Stadtschnellverkehr/S-Bahn

Der Westkopf des Barmbecker Bahnhofs kurz nach der Eröffnung der Hochbahn. Die fünf Gleise links gehören zur Hochbahn, die äußeren sind die Gleise von und nach Stadtpark, dazwischen die zu den Wagenhallen führenden, das mittlere endet als Kehrgleis am Prellbock. Rechts sind Fahrzeuge der Ursprungsbauart zu sehen. Mit der späteren Einführung der Walddörferbahn, die die S-Bahn, mehrere U-Bahn-Gleise und einige Straßen auf einem Viadukt in einem nahezu 180°-Bogen überquerte, änderte sich die Szenerie beträchtlich.

Vom Basson'schen Pferdeomnibus des Jahres 1839 über die Pferdebahn von 1866, dem „Plätteisen" von 1879 bis hierher war es ein langer Weg. Schon um die Jahrhundertwende zeichnete es sich ab, dass Hamburg mit der Straßenbahn alleine nicht auskommen würde. Großer Burstah, aber auch der Glockengießerwall zwischen Ferdinandstraße und Georgsplatz gehörten zu den am stärksten befahrenen Straßenbahnstrecken der Welt. So wurden schon 1893 Planungen vorgelegt, mit einem übergeordneten Bahnnetz Vororte zu erschließen und die wichtigsten Stadtteile durch eine Ringlinie miteinander zu verbinden. Über System und Betreiber war man sich jedoch jahrelang nicht klar, sogar eine Schwebebahn wurde allen Ernstes vorgeschlagen. Im Zusammenhang mit der Planung des Hauptbahnhofs sollten auf der Verbindungsbahn Vorort- und Fernverkehr voneinander getrennt werden. Um Betriebsschwierigkeiten vorzubeugen, war es unvermeidbar, die über die Verbindungsbahn kommenden Blankeneser Vorortzüge nicht im Hauptbahnhof enden zu lassen, sondern nach Osten durchzubinden. Die Wahl viel auf den Hasselbrook, ein Gelände an der Lübecker Bahn (LBE) kurz vor der Stadtgrenze bei Wandsbek. Bei den übrigen Planungen zeichnete sich ab, dass eine Vollbahn mit ihrem großen Profil und entsprechenden Radien für den Stadtverkehr mit seinen zwangsläufigen Tunnelstrecken ungeeignet war. So suchte man für diesen Zweck ein eigenständiges, zunächst noch als Kleinbahn bezeichnetes System, das im Laufe der Zeit zur Hoch- und U-Bahn mutierte. Doch in Barmbeck und Ohlsdorf sollten Güterbahnhöfe eingerichtet werden, so dass man um die Vollbahn nicht herum kam. Folglich erhielt die Vorortbahn am Hasselbrook zwar eine Wendeanlage, wurde aber über Barmbeck bis nach Ohlsdorf geführt. In Barmbeck wurde ein ansehnlicher Güterbahnhof mit Stückguthalle und Freiladegleisen errichtet, in Ohlsdorf eine kleinere Anlage. Hier wurde später noch eine reine Güterstrecke über Langenhorn bis Ochsenzoll angeschlossen. Um Güterzüge überhaupt auf die Ohlsdorfer Strecke leiten zu können, verzweigte man von der Güterbahn der LBE Rothenburgsort – Wandsbek ein Gleis in Richtung Wandsbeker Chaussee, das heute zur Güterumgehungsbahn gehört. Ohlsdorf – eigentlich Fuhlsbüttel – war als „gesunde Gegend" ein geeigneter Ort für stärkere Besiedlung, was durch die gute Anbindung mit Straßen- und Vorortbahn, später auch der U-Bahn, stark gefördert wurde. Ein steigendes Verkehrsbedürfnis ergab sich auch durch

Die alten S-Bahn-Züge glichen eher den Abteilwagen ihrer Zeit, als modernen Triebwagen. Ein Wechselstrom-Vollzug der 1924-1932 beschafften schweren Stahlbauart ist zwischen Sternschanze und Dammtor unterwegs. Die durch den Zweiten Weltkrieg unterbrochene Umstellung von Wechsel- auf Gleichstrom ermöglichte den Wechselstromzügen eine Gnadenfrist bis 1955.

den weiteren Ausbau des dortigen Zentralfriedhofes. Etwa in derselben Zeit unternahmen Preußische Staatsbahn wie auch die großen Elektrizitätsfirmen Versuche mit der elektrischen Zugförderung, die Preußen dazu ermutigten, einen Versuchsbetrieb mit Wechselstrom auf der Strecke Altona – Kiel einzurichten. Das verhinderte jedoch der Generalstab, was die Bahnverwaltung bewog, auf die strategisch unbedenkliche Strecke Blankenese – Ohlsdorf auszuweichen. Die für den erforderlichen besonderen Wagenpark erforderliche Betriebswerkstätte (jahrzehntelang als Nebenwerkstätte, später als Bw geführt) wurde in Ohlsdorf vorgesehen. Am 6. Dezember 1906, dem Tag der Eröffnung des Hamburger Hauptbahnhofs und der

Geradezu elegant gegenüber den alten S-Bahn-Fahrzeugen waren die neu entwickelten Gleichstrom-Triebzüge der Baureihe ET 171 (hier in Ohlsdorf), die ab Oktober 1939 geliefert wurden. Das Bild von 1952 zeigt – links – auf alten Fahrgestellen wieder aufgebaute U-Bahn-„B"-Wagen.

gleichzeitigen Inbetriebnahme der „Hamburg-Altonaer Stadt- und Vorortbahn", wurde zwischen Ohlsdorf und Blankenese mit Dampflokomotiven gefahren. Als 1907 die ersten Triebwagen in Hamburg eintrafen, waren auch die Arbeiten an den Oberleitungen soweit abgeschlossen, dass mit dem elektrischen Betrieb begonnen werden konnte. Zunächst wurden von den Firmen Breslauer AG (später LHW), van der Zypen & Charlie (später Westwaggon) sowie AEG und SSW (elektrischer Teil) 60 Triebzüge beschafft. Mit diesen konnte zu Beginn des Jahres 1908 der elektrische Betrieb aufgenommen und die letzten Dampfzüge zwischen Ohlsdorf und Blankenese abgezogen werden. Die Konstruktion der Fahrzeuge war aus der damals üblichen Bauart der Abteilwagen abgeleitet, jeweils zwei der hölzenen Wagenkästen wurden zu einer Einheit verbunden. Jeder Kasten ruhte auf einem Drehgestell unter dem Führerstand sowie einer Einzelachse unter dem Kupplungsende. Trotz der leichten Unterschiede zwischen den Fahrzeugen der beiden Firmen waren diese untereinander kuppelbar, man konnte bis zu vier Doppelwagen zu Vollzügen vereinigen. Bei einem Angebot von 250 Plätzen je Einheit und einer Höchstgeschwindigkeit von 50 km/h lässt sich ermessen, welche Menschenmassen transportiert werden konnten. Die Auslastung der Züge war so groß, dass noch im Jahr 1908 weitere 25 Einheiten, 1910 die nächsten 25 und 1912 weitere 30 bestellt werden mussten. Der Betrieb auf der ersten großen elektrischen Vollbahn in Deutschland funktionierte – auch wenn einige technische Probleme erst in den zwanziger Jahren behoben werden konnten. Die 57 Nachbestellungen der Deutsche Reichsbahn-Gesellschaft (DRG, ab 1938 = DR) in den Jahren 1924/26 und 1927/32 waren nicht nur elektrotechnisch wesentlich ausgereifter, sondern die Wagenkästen (mit größeren Abteilen) bestanden nun aus Stahl, und die beiden Einzelachsen wurden durch ein Jakobs-Drehgestell ersetzt. 145 Einheiten (Viertelzüge) bildeten nun das Rückgrat des (ab 1938 offiziell so genannten) Hamburger S-Bahn-Verkehrs, einige blieben bis 1955 im Einsatz. Inzwischen waren auch schon Einheiten der ersten Stunde ausgemustert worden, die teilweise – zu normalen Personenwagen umgebaut – in lokbespannten Zügen weitere Verwendung fanden.

Am 12. März 1924 wurde die Hamburg-Altonaer Stadt- und Vorortbahn um die knapp sechs Kilometer lange, zweigleisige Strecke Ohlsdorf – Poppenbüttel erweitert. Es handelte sich hier jedoch nicht etwa um einen Neubau, sondern um die 1917 – inmitten des Ersten Weltkriegs – eröffnete Strecke der privaten Alstertalbahn, die jedoch bereits 1920 in Konkurs gehen musste. Die neue Strecke, zunächst vom Kreis Stormarn übernommen, der sie weiter ausbauen wollte, übernahm sie schließlich die DRG, elektrifizierte sie – und Poppenbüttel war von nun an Endstation der Hamburg-Altonaer Stadt- und Vorortbahn. Alle weiteren Pläne zur Ausweitung des Schnellbahnnetzes – an denen es im Laufe der zwanziger Jahre keineswegs mangelte – machten die Inflation und die Weltwirtschaftskrise zur Makulatur.

Mit den dreißiger Jahren kam im wahrsten Sinne des Wortes auch wieder Bewegung in das Wirtschaftsleben Hamburgs. Die alten Ausbaupläne für die Hamburg-Altonaer Stadt- und Vorortbahn wurden überarbeitet und wesentlich erweitert. 1937 wurden zahlreiche Kommunen – unter ihnen Altona, Wandsbek, Harburg, Wilhelmsburg u. a. – dem neuen „Groß-Hamburg" eingemeindet (Harburg und Wilhelmsburg waren schon 1928 vereint worden).

Mit diesen Plänen sollte auch die Umstellung vom 25-Hz-Wechselstrom- auf 1.200-V-Gleichstrombetrieb einher gehen, der gegenüber dem Wechselstrom Vorteile aufzuweisen hatte. Die Hamburgischen Elektrizitätswerke boten sich als neuer Stromlieferant an, denn die moderne Elektrotechnik erlaubte es inzwischen, deren Strom aus dem Netz zu entnehmen, gleichzurichten und in einem neu einzuführenden Gleichstromnetz zu verwenden. Äußerliches Kennzeichen des modernen Systems war der Fortfall der – bei hochgespanntem Wechselstrom – erforderlichen Oberleitungen, die nun durch entlang der Gleise verlaufende, abgedeckte Stromschienen ersetzt (siehe Berlin) und zudem – also besonders kostengünstig – an den Schwellen befestigt werden konnten. Damit war es nun auch möglich geworden, die Profile der bei den neuen Strecken eingeplanten Tunnel kleiner zu halten. Das alte Bahnkraftwerk in Altona, schon seit Jahren an seiner Kapazitätsgrenze angelangt, hätte man bis spätestens zum Ende der dreißiger Jahre ersetzen müssen. Die neue Technik ermöglichte somit eine grundlegende, den Bedürfnissen der großen Stadt entsprechende Modernisierung des S-Bahn-Verkehrs. Aber wieder einmal, wie schon 1914, unterbrach 1939 der Ausbruch eines Krieges, dessen Ausmaße und Auswirkungen noch jedem unvorstellbar waren, die gerade eingeleitete Entwicklung.

Zunächst wirkte sich der Zweite Weltkrieg weder auf die Umstellung von Wechsel- auf Gleichstrom noch auf die Beschaffung der erforderlichen Fahrzeuge aus, obwohl von einer raschen Umstellung schon bald keine Rede mehr sein konnte. Als ab Oktober 1939 die ersten zwölf Gleichstrom-Triebzüge der neu entwickelten Baureihe ET 171 für die umgestellte Strecke zwischen Ohlsdorf und Poppenbüttel geliefert wurden, war der Feldzug in Polen soeben beendet. Als 1943 von 68 bestellten Triebzügen 47 geliefert worden waren, hatte sich das „Kriegsglück" gewendet, und der Bombenkrieg traf in jenen Julitagen die Hansestadt mehrmals mit furchtbarer Härte. Viel schlimmer noch als die Verluste mehrerer neuer ET 171 und einiger Wechselstromzüge waren jedoch die unglaublichen Zerstörungen Hamburgs und die Zahl der Toten: Über 30.000!

Es fällt schwer, nach den Geschehnissen dieser Zeit fast übergangslos zur S-Bahn zurückzukehren. Aber so ist es nun einmal: Wer um das Überleben kämpft, hat nur zwei Möglichkeiten – und man hat die eine genutzt. Am 14. Mai 1950 wurde der S-Bahn-Betrieb von Blankenese nach Sülldorf und am 20. Mai 1954 bis Wedel verlängert. Der 1943 unterbrochene Bau weiterer ET 171 wurde mit zwei Lieferserien dieser Baureihe in den Jahren 1954 und 1958 fortgesetzt – und mit ihnen kam zum Sommerfahrplan 1955 das durch den Zweiten Weltkrieg unterbrochene Ende des Wechselstrombetriebes. Die ET 99 wurden ausgemustert sowie das Bahnkraftwerk Altona stillgelegt und abgerissen. Wiederaufbau, Ausbau und Erweiterung des S-Bahn-Netzes machten die Beschaffung neuer Triebzüge erforderlich. MAN erhielt 1958 den Entwicklungs- und Bauauftrag für zunächst acht Einheiten der neuen Baureihe ET 170[1], deren Serienlieferung von 45 Einheiten ab 1959 begann. Die gegenüber den ET 171 (80 km/h) modifizierten Fahrzeuge waren leichter, verfügten über gute Laufeigenschaften dank neuer Drehgestelle der Bauart München-Kassel, hatten eine höhere Beschleunigung und fuhren 100 km/h. Am 4. Oktober 1959 wurde der S-Bahn-Betrieb bis Bergedorf verlängert. Die Inbetriebnahme der 15 km langen Strecke nach Pinneberg erfolgte in Abschnitten und zog sich über fünf Jahre hin, bis sie schließlich am 22. September 1967 fertiggestellt war. Diese S-Bahn-Strecke erhielt eine eigene, zweigleisige Trasse, um den starken Fernverkehr auf der Strecke Hamburg-Altona – Elmshorn nicht zu beeinträchtigen. Am 1. Juni 1969 fuhren die ersten S-Bahn-Züge bis Aumühle im Sachsenwald.

Am 14. Mai 1950 wurde die S-Bahn-Strecke von Blankenese bis Sülldorf und am 20. Mai bis Wedel verlängert – ein Zeichen des Neuanfangs nach dem Zweiten Weltkrieg.

20 Jahre älter als der Hamburger ist der Hafen von Altona, in dem eine preußische Tenderlok der Gattung T 9^1 (oben) Güterwagen verschiebt. 408 Maschinen dieses Typs beschaffte die Preußische Staatsbahn speziell für den Güterzug- und Verschiebedienst auf ihren Strecken und Bahnhöfen. Im Jahr 1900, zum Zeitpunkt der Aufnahme, waren diese Loks sicher auch im Hamburger Hafen anzutreffen.
Die Elektrifizierung der Hamburg-Altonaer Vorortbahn ermöglichte 1911 die Anbindung an das Netz der Altonaer Hafenbahn (3 kV/25 Hz, bzw. ab 1932 6 kV/25 Hz). Allerdings wurden nur die außerhalb der Kräne liegenden Gleise vom Hafen durch den 973 m langen, einzigen Tunnel (im Volksmund „Schellfischtunnel") der Rbd Altona, zum Bahnhof Altona bis 1954 elektrisch betrieben. Im Bereich der Verladeanlagen (rechts oben) konnten weiterhin nur Dampfloks bzw. später Dieselloks eingesetzt werden. Im Bild rechts unten ist die abseits der Kais verlaufende, elektrifizierte Strecke bis zur Tunneleinfahrt zu sehen. Die hier eingesetzten Elloks E 73 05 und E 73 06 waren Unikate. Diese Aufnahmen entstanden – die obere ausgenommen – in den dreißiger Jahren.

In einer Hafenstadt wie Hamburg wurde wohl so manche große Schiffstaufe gefeiert. Wohl einmalig dürfte jedoch im Februar 1930 der Empfang der „Europa“ (oben) auf der Unterelbe gewesen sein. Knapp ein Jahr zuvor, am 26. März 1929, brannte der am Ausrüstungskai der Werft Blohm & Voss liegende Dampfer aus ungeklärter Ursache völlig aus. Noch nie zuvor war versucht worden, ein derart ausgeglühtes und verzogenes Schiff wieder neu aufzubauen. Blohm & Voss gelang es tatsächlich. Die Abmessungen des Schiffes konnten sich sehen lassen: 285 m lang, 49.746 Bruttoregistertonnen schwer, Dienst- und Höchstgeschwindigkeit 26,5 und 29 Knoten. Auf ihrer ersten Fahrt über den Atlantik nach New York schlug die „Europa“ prompt ihr Schwesterschiff „Bremen“ um eine halbe Stunde, und übernahm damit das „Blaue Band“.

Die begleitenden Schiffe waren die „Bürgermeister Diestel“ (hinten), jahrzehntelang auf der Finkenwärder Linie unterwegs sowie die „Jan Molsen“ (vorne), einst Hamburgs populärstes Fähr-, Ausflugs-, und nach 1945 auch „Hamsterschiff“.

Links: Die an der Überseebrücke festgemachte „Kap Arkona“ hat kaum Platz in der breiten Norderelbe. Schleppdampfer, sich begegnende Züge auf der Hochbahn und der herüberziehende Dunst der Hafen- und Werftanlagen vermitteln ein Bild der unermüdlichen Betriebsamkeit dieser Stadt.

Unterwegs in Hamburg

Wer in Hamburg ganz hoch hinaus möchte, muss nicht irgendwohin in die weite Welt, sondern erreicht dies auf kürzestem Wege in Fuhlsbüttel. Es ist schon fast müßig zu sagen, dass es in dieser Stadt nicht nur Verkehrsverbindungen zu Wasser, auf Schienen und Straßen gibt, sondern auch per Flugzeug. Im Januar 1912 als Stützpunkt für Luftschiffe eröffnet, wurde der Flughafen schon bald für Flugzeuge ausgebaut. In den zwanziger Jahren gehörte Fuhlsbüttel zu dem sich rasch entwickelnden innerdeutschen und bald auch internationalen Flugnetz. Planmäßige Flüge gab es in Deutschland z. B. bis nach Freiburg (Breisgau) und Königsberg (Preußen).

Eine der am besten ausgelasteten Straßenbahnlinien Hamburgs war stets der „Alsterring", die Linie 18. Diese verband die dicht bewohnten Stadtteile Rotherbaum, Eppendorf, Winterhude, Uhlenhorst und St. Georg sowohl untereinander als auch mit der Innenstadt, dem Dammtor- und dem Hauptbahnhof. Sie erhielt 1928 eine neue Wagenausstattung, bestehend aus vierachsigen Trieb- und Beiwagen, die die Typenbezeichnung V2T und V2B erhielten. Auf dem Bild fährt ein solcher V2-Zug kurz vor dem Einsetzen des Berufsverkehrs die Mönckebergstraße hinab, vorbei an dem mächtigen Karstadt-Haus. Im Hintergund links das Rathaus.

Oben: Zum Einkaufsbummel, zum Kaffetrinken, zur Dampferfahrt auf der Alster oder einfach nur zum Flanieren traf man sich auch schon in den dreißiger Jahren auf dem Jungfernstieg. Zum Abstellen der immer zahlreicher werdenden Autos musste bereits zusätzlich die Straßenmitte herhalten. Der Parkwächter (links vor dem Sportwagen) achtete mit Argusaugen und angewinkelten Armen darauf, dass die Straßenbahn ungehindert ihre Bahn ziehen konnte.

Hochbetrieb herrschte tagtäglich auch zwischen den mächtigen, um 1910 entstandenen Jugendstil-Häuserschluchten der Mönkebergstraße (oben links), in der sich Kolonnen von Straßenbahnen mit Linienbussen begegneten.

Links: Auch die Alster war ursprünglich ein wichtiger Schifffahrtsweg für Hamburg aber hier, in den dreißiger Jahren, dient sie eher als Erholungs- und Sportgebiet. Während der neueste „echte" Alsterdampfer, die spätere „Alster", gerade in den Langen Zug eingedreht ist, tummelm sich zahllose Sportfahrzeuge auf der Außenalster. Diese ist eigentlich ein Stausee – ursprünglich ein etwas groß geratener Mühlenteich. Hinter dem Gebäude der Rudergesellschaft „Hansa" reckt sich das Türmchen des „Uhlenhorster Fährhaus" empor.

Mittelpunkt des Verkehrsgeschehens in der Hansestadt war der Hauptbahnhof. Bei ihm trafen sich Fern- und S-Bahn, Straßenbahnen, Doppeldeckerbusse und Menschen auf dem Weg zur Arbeit. Inflation und Arbeitslosigkeit waren zwar weitgehend überwunden, aber unter einem Zeichen, von dem kaum jemand ahnte, was es mit sich bringen würde. Die ersten, ab 1921 zwischen Landwehr und Schlump verkehrenden Omnibusse scheiterten zunächst an ihren technischen Unzulänglichkeiten. Erst nach der Einführung des Luftreifens wurden wieder Busse zur Ergänzung der Straßenbahnlinien beschafft. Oben rechts der im August 1927 in Dienst gestellte Wagen 60 in Eimsbüttel, rechts der im Mai 1928 hinzugekommene Wagen 84 am Stadtpark.

Auf dem Georgsplatz vor dem Hauptbahnhof (oben) regelt im Februar 1934 noch der Schutzmann auf dem Podest – an Stelle der heutigen Ampelanlagen – den stetig zunehmenden Individualverkehr.

Beschaulich ging es dagegen noch im Umfeld des Hannoverschen Bahnhofs zu (unten), dessen hoher Mitteltrakt und die langgezogene Bahnsteighalle noch immer an die alten Tage der Eisenbahn vor dem Bau des Hauptbahnhofs erinnern. „Beschaulich" ist bei solchen Aufnahmen jedoch eher ein geflügeltes Wort, denn Menschen und Tiere hatten sehr hart zu arbeiten, was bei Bildbeschreibungen oft übersehen wird. Man beachte auch die italienischen Güterwagen, die schon vor EG- und Lkw-Zeiten Agrarerzeugnisse zum Hamburger Großmarkt brachten, pünktlich – und vor allem frisch.

Die herausragende Rolle Hamburgs im Schienennetz der Deutschen Reichsbahn-Gesellschaft bestätigte sich durch die am 15. Mai 1933 eingerichtete, planmäßige Schnelltriebwagen-Verbindung nach Berlin. FDt 1 (Hamburg Hbf – Berlin Lehrter Bf) durcheilte die fast 287 km lange Strecke in 2 Stunden und 20 Minuten. Mit einem Schnitt von 124,7 km/h war er der damit der schnellste Reisezug der Welt. Sein Name „Fliegender Hamburger" wurde zum Markenzeichen des Schnellverkehrs und ist bis heute populär geblieben. Der oben einfahrende SVT 877 hat am 18. Juni 1934 – als FDt 2 aus Berlin kommend – soeben Hamburg Hbf erreicht, Zielbahnhof ist Altona.

Aufgrund des großen Erfolges mit dem ersten Schnelltriebwagen beschaffte die DRG in den Jahren 1935 und 1936 insgesamt 13 zweiteilige Triebzüge der Bauart „Hamburg“. Diese wurden mit veränderter Kopfform und einigen konstruktiven Verbesserungen ausgestattet. Sie bedienten sofort die wichtigsten Fernverbindungen der Reichsbahn und kamen u. a. von Berlin aus ins Ruhrgebiet, nach Süddeutschland, nach Beuthen in Oberschlesien – und natürlich nach Hamburg.

Oben: Zwischen den Berliner und den Harburger Gleisen lagen, in einem imposanten Gebäude vereint, die Postämter 1 und 7 sowie das Bahnpostamt 17. Der durchfahrende Güterzug mit Om-Wagen des Gattungsbezirks Breslau musste auf seinem Weg nach Norden den Hbf und die Verbindungsbahn benutzen. Die vor 1914 geplante Güterumgehungsbahn wurde erst zu Beginn des Zweiten Weltkriegs in aller Eile eingleisig fertiggestellt.

Links: Im Hauptbahnhof begegnen sich am 9. August 1934 vier Dampflokomotiven preußischer Bauarten. Gleich rechts steht eine S 10 der Lübeck-Büchener Eisenbahn (LBE-Lok 24), es folgen eine S 10 sowie eine P 8 der DRG vor einem Schnellzug nach Berlin, und ganz vorne, an dem kürzeren Tender und den Windleitblechen erkennbar, wieder eine LBE-S 10. Den optischen Abschluss bildet der wuchtige Bau des Postamts. Dieses hat inzwischen seine alte Nutzung verloren. Das denkmalgeschützte Gebäude wird zur Zeit zu einem Wohnhaus umgebaut. Das Reiterstellwerk musste bereits Ende der siebziger Jahre der modernen Technik weichen.

Hätten Sie nicht Lust einzusteigen? Links einer der modernen LBE-Wendezüge, in der Mitte 03 234 vor D 5 nach Berlin und rechts, soeben einfahrend, eine 03 mit einem FDt-Ersatzzug.

Von großer Bedeutung waren (und sind) die Privatbahnen im Einzugsbereich der Hansestadt Hamburg. Die Kleinbahnen waren jedoch nicht immer so romantisch, wie wir sie aus dem heutigen Blickwinkel sehen wollen – die Zeiten waren es erst recht nicht. Und doch vermittelt das Bild aus den dreißiger Jahren vom Personenzug der Südstormanschen Kreisbahn zwischen Hamburg-Billbrook und Hamburg-Billstedt eine gewisse Beschaulichkeit die es heute nicht mehr gibt.

Einige Lokomotiven der preußischen Gattung T 5[1] wurden nach ihrem Ausscheiden aus Staatsbahndiensten von Privatbahnen erworben, unter ihnen auch die abgebildete Lok 22 der Bergedorf-Geesthachter Eisenbahn (BGE). 1898 bei Henschel & Sohn in Kassel gebaut, wurde sie zunächst der Königlichen Eisenbahndirektion Frankfurt (M) unter der Nummer „6601" zugewiesen und kam 1926 zur BGE. Am 2. Juli 1939 ist sie in Bergedorf Reichsbahnhof mit Zug 30 aus Geesthacht angekommen. Der Zweite Weltkrieg sicherte ihr Überleben noch für einige Jahre, bevor sie 1946 ausgemustert wurde.

Die Eisenbahn-Gesellschaft Altona-Kaltenkirchen-Neumünster (AKN) zählte damals wie heute zu den großen Privatbahnen Norddeutschlands. Die beiden im Mai 1948 aufgenommenen Bilder oben und unten gehören zwar in die Nachkriegszeit, aber sie sollen auf dieser Seite gemeinsam mit den anderen, an die Privatbahnen und ihre Bedeutung erinnern. Der Fotograf benötigte für das Fotografieren noch die Genehmigung der Besatzungsmacht und konnte erst danach in Ulzburg die buntgemischte, vom VT 4 angeführte AKN-Triebwagengarnitur im Bild festhalten.

Von einem Fenster des Stationsgebäudes von Wiemersdorf aus entstand am selben Tag die Aufnahme mit der AKN-Lok 10, die mit einem aus immerhin elf Wagen bestehenden Personenzug unterwegs war. Die 1919 von Henschel als 1'C-Lok gelieferte Maschine (Fabrik-Nr. 16435) gehörte ursprünglich der Genthiner Eisenbahn und kam später zur AKN. Offensichtlich war man mit ihren Laufeigenschaften beim Rückwärtsfahren nicht zufrieden und baute sie deshalb zur 1'B1' um. Mit dieser Achsfolge ist sie auf diesem Bild unterwegs.

Die AKN, am 8. September 1884 eröffnet, zählte in den zwanziger Jahren 22 Dampflokomotiven, 37 Personen- und Gepäckwagen sowie über 120 Güterwagen zu ihrem Bestand, für deren Bedienung und Unterhaltung fast 300 Mitarbeiter zuständig waren. Heute ist die AKN eines der zukunftsorientiertesten privaten Eisenbahnunternehmen. Stets mit der Zeit gehend, werden seit Jahren der Fahrzeugpark und die Streckenführung grundlegend erneuert und konsequent den Anforderungen des modernen Nahverkehrs angepasst.

Am 1. Januar 1938 wurde die Lübeck-Büchener Eisenbahn (LBE) von der Deutschen Reichsbahn übernommen. Bis dahin nahm dieses Unternehmen unter den deutschen Privatbahnen die führende Stellung ein. Die Stammstrecke Lübeck – Büchen wurde 1851 eröffnet und diente vornehmlich dem Güterverkehr des Lübecker Hafens nach Süddeutschland. Die LBE-Hauptstrecke zwischen den Hansestädten Hamburg und Lübeck war zweigleisig ausgebaut und setzte sich in der eingleisigen Nebenbahn Lübeck – Travemünde – Niendorf (Ostsee) fort. Auf einem Streckennetz von insgesamt 161 Kilometern setzte die LBE zuletzt 75 Lokomotiven (siehe auch Seite 30 unten) und rund 1.500 Wagen verschiedenster Gattungen ein, die in eigenen Werkstätten unterhalten wurden. Zu ihren modernsten Fahrzeugen zählten der 1934 gelieferte Dampftriebwagen (oben rechts) sowie drei zwischen 1935 und 1937 gelieferte Tenderlokomotiven mit Stromlinienverkleidung für die Beförderung der modernen Doppelstockzüge (oben und rechts unten). Diese Loks wurden bei der DR als Baureihe 60 eingereiht. Besonders bei Eisenbahnfreunden ist diese Eisenbahn-Gesellschaft bis heute populär, nicht zuletzt durch die erhalten gebliebene LBE-Doppelstockwagen-Garnitur. Diese Aufnahmen und die der vorangegangenen Seiten stehen bewusst am Ende einer großartigen Entwicklung der Eisenbahnen in Deutschland, die durch den Ausbruch des Zweiten Weltkriegs jäh unterbrochen wurde.

Hamburg 1944 – und danach ...

Oftmals nur Minuten dauerten die Bombardements, aber es gab auch wesentlich längere Angriffe in mehreren Wellen. Für die Menschen, die in Kellern oder Bunkern um ihr Leben zitterten, waren es Lichtjahre. Mit den furchtbaren Luftangriffen im Juli 1943 und über 30.000 Toten war für Hamburg der Zweite Weltkrieg jedoch noch lange nicht zu Ende. Zu groß und zu bedeutend waren seine Verkehrsanlagen und seine Wirtschaftskraft, was den Alliierten natürlich bestens bekannt war. In Augenblicken war zerstört, was Generationen in mühevoller Arbeit aufgebaut hatten – auf eine Art, die die deutsche Luftwaffe in den Jahren 1940/41 vorgemacht hatte ...

Die Aufnahmen oben und unten entstanden im Hafen. Der Aufnahmeort ist fast uninteressant, denn es sah dort am Morgen des 19. Juni 1944 fast überall gleich aus. Wo zuvor inmitten von Schuppen, Gleisen und Schiffen geschäftiges Treiben herrschte, lag nun eine gespenstische Ruhe. Am 29. Juli 1944, neun Tage nach dem Attentat auf den „Führer", zählte auch der Hauptbahnhof zu den Betroffenen (links oben). Der Alarm begann um 00.38 Uhr, der erste Abwurf um 01.06 Uhr. Am folgenden Tag wurden zum Aufräumen und Beseitigen der Schäden unter der Aufsicht von Reichsbahnern „Fremdarbeiter" eingesetzt – genauer gesagt „Zwangsarbeiter". Sie wurden für diese Arbeiten von der DR entlohnt und hatten entsprechende Ausweise. Zwangsarbeit war übrigens keineswegs eine Erfindung der Deutschen, wie uns die Geschichte lehrt. Damit soll und darf aber das harte Schicksal dieser Menschen nicht entschuldigt werden.

Eine endlose Flut von Menschen zieht 1945/46 ohne Hoffnung durch Bahnhöfe und Häfen, über Wege, Straßen und querfeldein nach Westen auf der Suche nach einer Bleibe, vielleicht bei Verwandten oder Freunden – so diese noch am Leben waren – und nach Essen. Denn fast alle Städte Deutschlands waren nach jahrelangen Bombenangriffen weitgehend zerstört. Unzählige Menschen kamen nach ihrer Flucht über die Ostsee, mit der Bahn oder zu Fuß auch nach Hamburg. Die Aufnahmen entstanden in Eidelstedt Vbf (oben) und in Altona (unten und rechts).

Im Januar 1945 beginnt mit dem Zusammenbruch der Ostfront eine beispiellose Völkerwanderung, die erst 1948 mit der Vertreibung aller Deutschen aus den Gebieten östlich von Oder und Neisse enden wird. So ist für viele Millionen alteingesessener Menschen das, was nach den einigermaßen überstandenen Bombennächten kam, wesentlich schicksalhafter: für immer ihre Heimat in Ostpreußen, Pommern und Schlesien zu verlieren.

Hamburg Hauptbahnhof, 40 Jahre nach seiner Eröffnung. Wie kann man Bilder beschreiben, die eigentlich keiner Worte bedürfen? Im Gesicht der Frau im Vordergund spiegelt sich das ganze Leid der ersten Nachkriegszeit wider.

Winter 1945/46. Bilder, die für sich sprechen. Die Ruinen in der Banksstraße überragen die wieder befahrbaren Gleise (oben). Jeder will irgendwo hin, aber wo ist irgendwo? Stundenlang, mitunter tagelang warten Flüchtlinge und entlassene Soldaten der Wehrmacht auf eine Mitfahrgelegenheit. Es war völlig gleichgültig, wie ein Zug aussah oder welche Wagen er mitführte. Wichtig war nur, dass überhaupt ein Zug kam – und abfuhr – und möglichst in die Richtung, in die man wollte, oben rechts z. B. in Richtung Bergedorf – Büchen. Wo wenige Jahre zuvor noch elegante Triebwagen und stromlinienverkleidete Dampflokomotiven vor FD-Zügen die großen Städte Deutschlands miteinander verbanden, herrschte nur noch grenzenloses Elend. Und doch musste auch in dieser schlimmen Zeit alles seine Ordnung haben. Die Lgo-Züge (oben und rechts) in Richtung Ruhrgebiet waren offiziell für Reisende freigegeben – aber nicht ohne eine Fahrkarte der 3. Klasse! Der im Bild oben einfahrende Zug ist übrigens mit einer der wenigen Hamburger Loks der Baureihe 64 bespannt.

03 193 im Sommer 1945 im Bw Hamburg-Altona. Sie war zehn Jahre zuvor eine der vielbeachteten Schnellzugdampflokomotiven der Deutschen Reichsbahn (siehe Seite 4 oben links). Sie lief im Dienstplan mit den beiden 2'C2'-Stromlinienlokomotiven 05 001 und 05 002 auf der „Rennbahn" Hamburg-Altona – Berlin Lehrter Bf. Als Vertretung hatte 03 193 insbesondere immer dann anzutreten, wenn sich eine 05 gerade mal wieder bei der Versuchsanstalt in Berlin-Grunewald oder im Ausbesserungswerk befand. Zu diesem Zweck wurde sie auch mit einem fünfachsigen Tender 2'3' T 38 St gekuppelt. Als der Zweite Weltkrieg begonnen hatte, setzte man die Reisegeschwindigkeiten drastisch herab, und Stromlinienverkleidungen erwiesen sich nun eher als hinderlich. Um das Triebwerk zugänglicher und damit die Unterhaltung der Lok einfacher zu machen, wurde daher am 23. Juli 1941 im RAW Braunschweig 03 193 „teilentstromt", das heißt, die Verkleidung ausgeschnitten. So fuhr 03 193 noch bis zum 14. Dezember 1949. Die höchste Leistung als Stromlinienlokomotive erbrachte sie an 28 Tagen im Juni 1949 mit 14.857 km. Bald darauf wurde die Lok in eine normale Maschine der Baureihe 03 umgebaut und war noch viele Jahre unterwegs. Am 12. März 1968 wurde 03 193 beim Bw Hamburg-Harburg ausgemustert.

Winter 1945/46. Es gibt keine Räder mehr, die „für den Sieg rollen" …

Oben: Der Wagenpark des Hilfszugs Hamburg setzte sich aus hochinteressanten Fahrzeugen zusammen. Das aus Vorkriegstagen stammende Bild zeigt rechts einen – vermutlich aus einem preußischen Schlafwagen entstandenen – Arztwagen, der zwar den Ersten Weltkrieg, nicht aber den Zweiten überstand. Er musste in den Osten abgegeben werden, von wo er nicht mehr nach Hamburg zurückkehrte.

Oben links: Der Platz vor dem Bahnhof Altona zwischen Museumsstraße und Altonaer Bahnhofsstraße macht nicht mehr den gepflegten Eindruck wie auf dem Bild der Seite 28. Am 15. Dezember 1949 hat man noch andere Sorgen als die Pflege von Anlagen. Auf den öffentlichen Grünflächen wurden sogar Kartoffeln angebaut, so groß war die Not. Vor dem Gebäude der RBD Altona steht ein Mercedes 170 D, vielleicht der Dienstwagen des amtierenden Direktionspräsidenten?

So vergeht aller Glanz. Nur noch die Außenmauern stehen vom Hannoverschen Bahnhof, der, 1872 erbaut, bis 1892 Venloer Bahnhof genannt wurde (siehe auch Seite 9 und 27). Wie in Berlin, wo z. B. die erhalten gebliebenen Fassaden des Anhalter-, Lehrter- und Stettiner Bahnhofs dem Beseitigungswahn der fünfziger Jahre weichen mussten, erging es auch dem Hannoverschen Bahnhof in Hamburg. Am 16. Oktober 1955 wurde die Frontseite des Gebäudes gesprengt und die weiter erhaltene rechte Seite mit dem Schild „Eilgut-Annahme" erst 1977! Heute würde man es als liebenswertes Kleinod aus der Hamburger Geschichte betrachten …

Wäre nicht die glaslose Bahnsteighalle, könnte man die Aufnahme mit der tadellos aussehenden Straßenbahn auf bessere Zeiten datieren als das Jahr 1947. Der V5-Triebwagen wurde 1943, der Beiwagen 1941 gebaut. Die Linienbusse erinnern mit ihren gewaltigen Dachaufbauten eher an Doppeldeckerbusse als daran, dass sie mit Stadtgas betrieben wurden. Diese Umbauten erfolgten während des Krieges, um möglichst viel des wertvollen Kraftstoffs für die Fronten zu sparen. In den mageren Nachkriegsjahren war man froh, Fahrzeuge mit Holz oder Gas betreiben zu können, denn es gab so gut wie nichts anderes. Das Bild unten links entstand an der Endhaltestelle Wiesenstraße in Tonndorf. Der Büssing (unten) trägt bereits die in den westlichen Zonen bis zum 31. Dezember 1957 gültigen Zulassungsschilder der Besatzungsmächte. „B" bedeutet, dass dieses Fahrzeug in der Britischen Zone (= Hamburg) gemeldet ist.

Nach den Plänen des amerikanischen Politikers Henry Morgenthau sollte Deutschland durch Gebietsabtretungen, politische Aufgliederung und Dezentralisierung, durch die Internationalisierung des Ruhrgebiets und weitreichender Demontagen der wichtigsten Industriebereiche völlig geschwächt und in ein Agrarland zurückgebildet werden. Was die Gebietsabtretungen anbetrifft – Deutschland verlor mit Ostpreußen, Pommern, Schlesien und dem Ostteil der Mark Brandenburg rund 120.000 km² – war Morgenthau sicher eins mit Josef Stalin. Ebenso mit den zunächst auch noch in Hamburg (und andernorts) erfolgten Demontagen sowie der politischen Aufgliederung: Die Teilung Deutschlands stand noch bevor. Bei den am 17. Juli 1945 beginnenden Gesprächen der Siegermächte im Schloss Cecilienhof in Potsdam („Potsdamer Abkommen") zeigten sich erste Gegensätzlichkeiten der Sowjetunion mit den westlichen Alliierten, die Deutschland nun wieder in den Grenzen von 1937 erhalten wollten. Die Ergebnisse ließen Morgenthaus Plan endgültig zur Makulatur werden und den britischen Premier Winston Churchill – in Teheran (28. November bis 1. Dezember 1943) und Jalta (11. Februar 1945) noch ein Befürworter der deutschen Zerstückelung – sogar zu der Aussage verleiten: „... man habe wohl das falsche Schwein geschlachtet."

Es war die Stunde eines weiteren amerikanischen Politikers, George Catllett Marshall, der mit Weitsicht und vor dem Hintergrund des sich abzeichnenten Ost-West-Konfliktes als Initiator seines – des „Marshall-Planes" – das Aufbauprogramm für Europa nach dem Zweiten Weltkrieg aufstellte und einleitete.

So symbolisieren die beiden Aufnahmen dieser Seite den Neubeginn, aber wie gesagt nur den Beginn. Am 16. April 1948 wurde die frisch lackierte 03 079 (oben) auf einem Straßenroller zu der Leistungsschau „Hamburg am Werk" in „Planten und Blomen" bugsiert. Zwei Monate später, am 18. Juni 1948, verbesserten sich mit der Einführung der Deutschen Mark die Lebensverhältnisse entscheidend – es ging aufwärts, wenn auch nur schrittweise. Von einem Tag auf den anderen waren die Zeiten des Schwarzmarktes vorbei, und man konnte wieder richtig einkaufen.

Links: Am 10. September 1949 erwarteten im Hamburger Hauptbahnhof viele Menschen die Ankunft des ersten Triebwagens im Interzonenverkehr von Berlin nach Hamburg, dessen Fahrt entlang der gesamten Strecke von zahllosen Menschen wie ein „Triumpfzug" begrüßt wurde. Mit diesen wieder „Fliegender Hamburger" (FDt 65/66) genannten Zügen verbanden viele auch die Hoffnung an einen baldigen Fall der Zonengrenze. Wer konnte schon ahnen, dass die „Interzonenzüge" 40 Jahre lang zum Bahnalltag gehören würden? So muss man diesen zaghaften Neubeginn der Jahre 1948/49 vor dem Hintergrund der sich abzeichnenden Teilung Deutschlands und der sich damit für Hamburg verändernden verkehrspolitischen Situation sehen, der Festlegung der Oder-Neisse-Grenze und der bis 1948 einhergehenden Vertreibung von Millionen Menschen aus ihrer angestammten Heimat jenseits dieser Grenze. Außerdem befanden sich noch Millionen deutscher Soldaten – überwiegend in russischer – Kriegsgefangenschaft oder waren vermisst.

Die Schäden an den Gebäuden des Bahnhofs Hamburg-Harburg wurden bis 1949 soweit beseitigt, dass sie wieder ihre Funktionen übernehmen können. Nun war es auch an der Zeit, die in den Kriegsjahren verschlissenen Weichen und Gleise auszuwechseln, denn in Harburg teilen sich die stark befahrenen Hauptstrecken in Richtung Hannover – Frankfurt (M) sowie die über Bremen, Osnabrück und Münster führende „Rollbahn" ins Ruhrgebiet. Die Aufnahme unten zeigt die umfangreichen Gleisbaumaßnahmen an der Cuxhavener Abzweigung, dem sogenannten „Unterelbekreuz".

Unterdessen ist Tw 2416 mit seinem Beiwagen in Hammerbrook unterwegs zum Bahnhof Veddel. An den Frontseiten wird wieder für Zigaretten geworben, allerdings noch ohne den Zusatz, dass diese für die Gesundheit schädlich sein könnten! Rauchen gehörte damals noch „zum guten Ton", und man war froh, Tabakwaren aller Art wieder zu normalen und nicht zu überhöhten Schwarzmarktpreisen zu bekommen.

Vor dem Dienstraum des S-Bahn-Haltepunktes Landwehr (oben links), in dem sich soeben zwei S-Bahn-Züge der Baureihe ET 99 begegneten, kleben bereits wieder Plakate, die für Sylt und Mittenwald und die güstigeren DB-Rückfahrkarten werben – deutliche Indizien dafür, dass sich die Zeiten langsam besserten.

Die zunächst schier unlösbar erscheinende Aufgabe, die von den Luftangriffen sehr stark in Mitleidenschaft gezogenen Streckennetze der Hochbahn wieder instandzusetzen, wurde bis Ende der vierziger Jahre größtenteils bewältigt. 1947 beförderte alleine die Hochbahn auf dem erst teilweise wieder befahrbaren Netz 196 Mio. (!) Fahrgäste. Aber nimmt dies wunder, wenn man bedenkt, dass selbst Fahrräder zu den begehrtesten Kostbarkeiten gehörten?

Im großen U-Bahn-Betriebsbahnhof Stadtpark standen nur an Sonntagen derart viele Züge, unter ihnen – links und rechts außen – wieder aus kriegsbeschädigten Fahrzeugen aufgebaute B-Wagen. Die ruhigeren Stunden nutzte man stets zum Ausbessern der Fahrwege. Für diese Arbeiten wurde am 28. August 1952 in der Hauptwerkstatt Barmbek (oben) Lok 1001 mit einigen Loren eingeteilt.

Durch die glaslose Bahnsteighalle des Hamburger Hauptbahnhofs weht im Frühjahr 1950 zwar immer noch der Wind, aber es fahren wieder Züge, die man schon fast vergessen hatte. Die DB hatte inzwischen von den Besatzungsmächten genügend Schnelltriebwagen zurückerhalten und instandgesetzt und baute mit ihnen ein neues Netz schneller Verbindungen auf. Wo sich wenige Jahre zuvor noch Menschen auf der Suche nach einem Zuhause drängten, warten nun – trotz der noch immer sehr mageren Zeiten – nach bestem Können gekleidete Fahrgäste auf ihren Zug. Die Bahnsteige sind sauber, ohne weggeworfene Verpackungen und Bierdosen, ohne Schmierereien und den sonstigen Begleiterscheinungen der „umweltbewusst" lebenden „Kultur"-Gesellschaft von heute.

Für den Tieflader oder Straßenroller (links) gab es damals in Altona reichlich zu tun. Schwertransporte fanden noch auf der Schiene statt, und auf der Straße wurde nur der Rest des Transportweges zurückgelegt. Das Dreieckschild vor dem Frontfenster der Zugmaschine ist hochgestellt und macht damit auf den Anhänger aufmerksam, während die Lederverkleidung vor dem Kühler der Maschine immer in der kalten Jahreszeit angebracht wurde, damals bei Bussen und Lkw allgemein üblich. Ebenso selbstverständlich war das an den Türen aller Lkw angeschraubte Schild, auf dem „Güterverkehr" und der Standort des Fahrzeuges angegeben war. Der quer durchgehende Strich war im Güterfernverkehr üblich, im Nahverkehr entfiel dieser.

Die Aufnahme oben hat endlich wieder etwas heimelig-gemütliches an sich. 93 664, eine preußische Tenderlok der Gattung T 14^1, fährt am 2. Mai 1951 mit P 2321 am Oberhafen vorbei. Es ist eine Zuggarnitur, die gut und gerne zehn oder zwanzig Jahre zuvor nicht anders ausgesehen hat. Aber die Zeit bleibt nicht stehen, und wenige Jahre später waren solche Aufnahmen nicht mehr möglich. Die DB begann bereits in den Jahren 1954/55 mit einem großangelegten Arbeitsprogramm, die alten Länderbahnwagen zu modernen Nahverkehrswagen umzubauen.

Rechts: Die am 15. Juni 1923 in Dienst gestellte E 73 05 hat am 22. Dezember 1951 noch drei Dienstjahre vor sich, denn ab 1954 wird die Altonaer Hafenbahn nach 44 Jahren nicht mehr elektrisch betrieben werden. Dies bedeutete auch das Ende der ausschließlich auf der Hafenbahn eingesetzten elektrischen Lokomotiven. Die kriegsbeschädigten Gebäude im Hintergrund – bzw. auf diesen Seiten – erinnern daran, dass in den Städten der westlichen Zonen Deutschlands erst um die Mitte der fünfziger Jahre mit dem systematischen, dann jedoch immer rascher erfolgenden Wiederaufbau begonnen werden konnte.

Die Hamburger Hafenbahn stellte 1926 die Planer der DRG vor eine schwierige Aufgabe. Einerseits sollten starke Lokomotiven den Eisenbahnbetrieb im Hafen beschleunigen, andererseits legten die engen Gleisradien der Achsfolge dieser Maschinen bereits wieder Grenzen auf. Gemeinsam mit den Konstrukteuren der Lokomotivfabrik Orenstein & Koppel enwickelten sie speziell für die Hafenbahn eine Tenderlok, deren Endachsen, wie auf dem Bild rechts erkennbar, nicht mit Stangen, sondern durch ein Zahnradgetriebe gekuppelt waren. Ab 1927 nahmen sie ihre Arbeit als Baureihe 87 im Hafen auf. Die am 7. September 1949 gegründete Deutsche Bundesbahn (DB) wollte die unterhaltungsintensiven Maschinen jedoch sobald wie möglich ersetzen. Bereits zu Beginn der fünfziger Jahre konnten sie von den DB-Neubauloks der Baureihe 82 abgelöst werden (diese stellen wir Ihnen später vor). Am 12. April 1952 wurde 87 001 im Bw Hamburg-Wilhelmsburg aufgenommen, in dem sie seit ihrer Indienststellung beheimatet war.

Einige der Loks der Baureihe 87 wurden – obwohl betriebsfähig – kurzfristig abgestellt. Sie waren durch die starken DB-Neubaulokomotiven der Baureihe 82 einfach überflüssig geworden. In Wilhelmsburg stehen – am selben Tag wie oben – 87 007, 010, 014, 009, und 013 und warten auf ihre Verschrottung.

Hamburg nach 1950

Neuere und ältere Straßenbahnen, Vorkriegs- und Nachkriegspersonenwagen, dazwischen ein einzelnes Pferdegespann. In der Mönckebergstraße (links, 1951) und am Stephansplatz (oben, 1949) herrscht wieder großstädtisches Leben und eine unglaubliche Betriebsamkeit, die an die Hamburg-Aufnahmen der Vorkriegszeit auf Seite 27 erinnern. Z2-Triebwagen 2534 (Baujahr 1926) der Linie 3 wurde inzwischen zum Einrichtungstriebwagen umgebaut und mit neuem Fahrschalter und neuem Getriebe ausgestattet. Er trägt den rot-beigen Nachkriegsanstrich. Die beiden heruntergekommenen elfenbein-gelben Beiwagen aus der Zeit vor 1910 haben wohl seit 1943 keine Lackierhalle mehr gesehen.

Aber nicht nur am äußeren Erscheinungsbild Hamburgs hat sich viel verändert. Man denkt und fühlt anders, ist frei trotz des harten Alltags, verdient (wenn auch nicht viel) Geld, kann es ausgeben, zum Tanzen oder ins Kino gehen (die Heimatfilme haben Hochkonjunktur) oder sogar kleine Reisen unternehmen. Man hat überlebt, ist wieder wer und spricht bereits vom „Wirtschaftwunder" und das in einem Land, das – geographisch gesehen – nur noch ein Schatten seiner selbst war: der am 23. Mai 1949 aus den Westzonen hervorgegangenen Bundesrepublik Deutschland. Seine Untermauerung erhielt das wiedergewonnene Selbstwertgefühl durch den überraschenden Gewinn der Fußball-Weltmeisterschaft 1954 in der Schweiz, die jedoch nicht nur für die Menschen „im Westen" sehr viel bedeutete, sondern auch für die „im Osten" – gerade mal ein Jahr nach den Ereignissen des 17. Juni 1953!

Oben: Um die stark frequentierte Linie 33 nach Harburg mit leistungsstarken Vierachstriebwagen ausrüsten zu können, modernisierte die Hochbahn 1950 in der Hauptwerkstatt Falkenried fünf V2-Triebwagen des Jahrgangs 1928 und stattete sie mit je vier 42-kW-Halbspannungsmotoren und Unterflur-Nockenschaltwerken aus. Dazu ließ sie bei der Waggonfabrik Josef Graaff in Elze zehn zweiachsige Beiwagen (Gattung Z3B) in selbsttragender Aluminium-Leichtbauweise fertigen. Auf dem Bild stellt sich der erste Zug während seiner Probefahrt vor dem mächtigen Südportal der Norderelbbrücke dem Fotografen.

Oben: Am 16. Mai 1948 wurde die erste Nachkriegs-Neubaustrecke der Straßenbahn eröffnet. Sie führte nach Bramfeld und beendete die unhaltbar gewordenen Zustände auf der total überlasteten Omnibuslinie D. Geführt von einem Triebwagen der Gattung Z1P (Inbetriebnahme 3. Juni 1897!) befährt der Eröffnungszug soeben die Verzweigungsweiche in der Bramfelder Straße Ecke Fuhlsbütteler Straße.

Links: Trotz eines umfassenden Neubauprogrammes konnte im Berufsverkehr noch lange nicht auf die alten Wagen verzichtet werden. In der Mittagszeit des 3. November 1956, einem Sonnabend, hält ein Verstärkungszug der Linie 11 an der Veddel. (Damals begann das Wochenende erst am Samstagnachmittag, vormittags musste noch gearbeitet werden). Es führt Z1-Triebwagen 2320, der am 11. Februar 1896 in Dienst gestellt wurde. Die Beiwagen sind gut zehn Jahre jünger.

Am 5. Januar 1951 konnte der erste, von Linke Hofmann Busch in Salzgitter-Watenstedt (LHB) gebaute Beiwagen Nr 1333 dem Betrieb übergeben werden – zeitgleich mit dem ersten in der Hauptwerkstatt Falkenried gebauten Serientriebwagen V6. Aufgenommen wurde der neue Zug in der Kehrschleife der Linie 3 auf dem Eidelstedter Platz. Von den 102 Triebwagen und 100 Beiwagen umfassenden V6-Neubauprogramm wurden 40 Trieb- und alle Beiwagen bei LHB gebaut. Stolz präsentiert die Erbauerfirma einen Triebwagen auf der Exportmesse in Hannover (unten).

Ganz oben und oben: Aus den Überresten von 118 kriegsbeschädigten U-Bahn-Zügen boten sich noch brauchbare Rahmen, Drehgestelle und Motoren an, aus denen in der Straßenbahn-Hauptwerkstätte Falkenried (oben) wieder komplette, als „B"-Wagen bezeichnete Fahrzeuge entstanden. Nach dem Probewagen wurden in den Jahren 1948 bis 1950 insgesamt 70 weitere U-Bahn-Wagen in eigenen Werkstätten wieder aufgebaut. Hier präsentiert sich der letzte auf der Drehscheibe in der U-Bahn-Werstatt Hellbrookstraße.

Oben: Noch recht idyllisch geht es im Frühjahr 1956 in der O-Busschleife Sinsdorf zu.

Rechts: Geplant schon in den dreißiger Jahren, begann die HHA nach dem Zweiten Weltkrieg in Harburg ein O-Busnetz aufzubauen. Auf unabsehbare Zeit sollte nur die nach Hamburg führende Linie 33 auf der Schiene bleiben. Hier biegt soeben der einzige Büssing-O-Bus aus der Buxtehuder Straße mit dem Ziel Bahnhof Harburg in den schmalen Schloßmühlendamm ein, während einer der bequemen, zu Beginn des Krieges gelieferten V5-Züge der Linie 33 sich anschickt, Hamburgs einzige Straßenbahn-Kreuzung mit einer Vollbahn, der Hauptstrecke Hamburg – Stade – Cuxhaven zu queren. Der V5-Beiwagen 1323 trägt einen Briefkasten, der von einem Posten am Hamburger Hauptbahnhof geleert wurde. Alle den Hauptbahnhof berührenden Stammlinien boten von 1925 bis 31. März 1958 – mit kriegsbedingter Unterbrechung – diesen Service. Die Eisenbahnkreuzung machte übrigens später von sich reden: Als nach der Elektrifizierung der Nord-Süd-Strecke in den sechziger Jahren auch die Strecke Hamburg – Cuxhaven zur Elektrifizierung anstand, rechnete nahezu jeder damit, dass die HHA dies zum willkommenen Anlass zur Umstellung der inzwischen ungeliebten Straßenbahn auf Omnibusbetrieb nehmen würde. Das war aber nicht der Fall. Es wurde eine aufwendige Fahrleitungskreuzung für Rollenstromabnehmer konstruiert, für die es damals kein Vorbild gab. Links vor der Straßenbahn ein Borgward-Lkw.

Man dachte in Hamburg wieder an Reisen, an Urlaub. Catarina Valente und Vico Torriani besangen ein „fernes Traumland", das allerdings nicht nur jenseits der Alpen, sondern auch (noch) der finanziellen Möglichkeiten des eigenen Geldbeutels lag: Italien. Wesentlich näher und daher auch mit Fahrrad (Flickzeug), Zelt und Kochgeschirr erreichbar waren dagegen Harz, Bodensee, Schwarzwald, Allgäu oder Oberbayern. Am preiswertesten für die Hamburger war jedoch eine Fahrt an die Nord- oder Ostsee. Aber egal wie weit oder wie nah, die Hauptsache war, man konnte endlich wieder richtig Ferien machen.

Auch das Aussehen der Lokomotiven beginnt sich zu verändern. 01 009 (oben) fuhr im Juni 1952 bereits mit den neu eingeführten Witte-Windleitblechen, während 03 263 am 19. Juli 1951 noch mit den großen Windleitblechen unterwegs war.

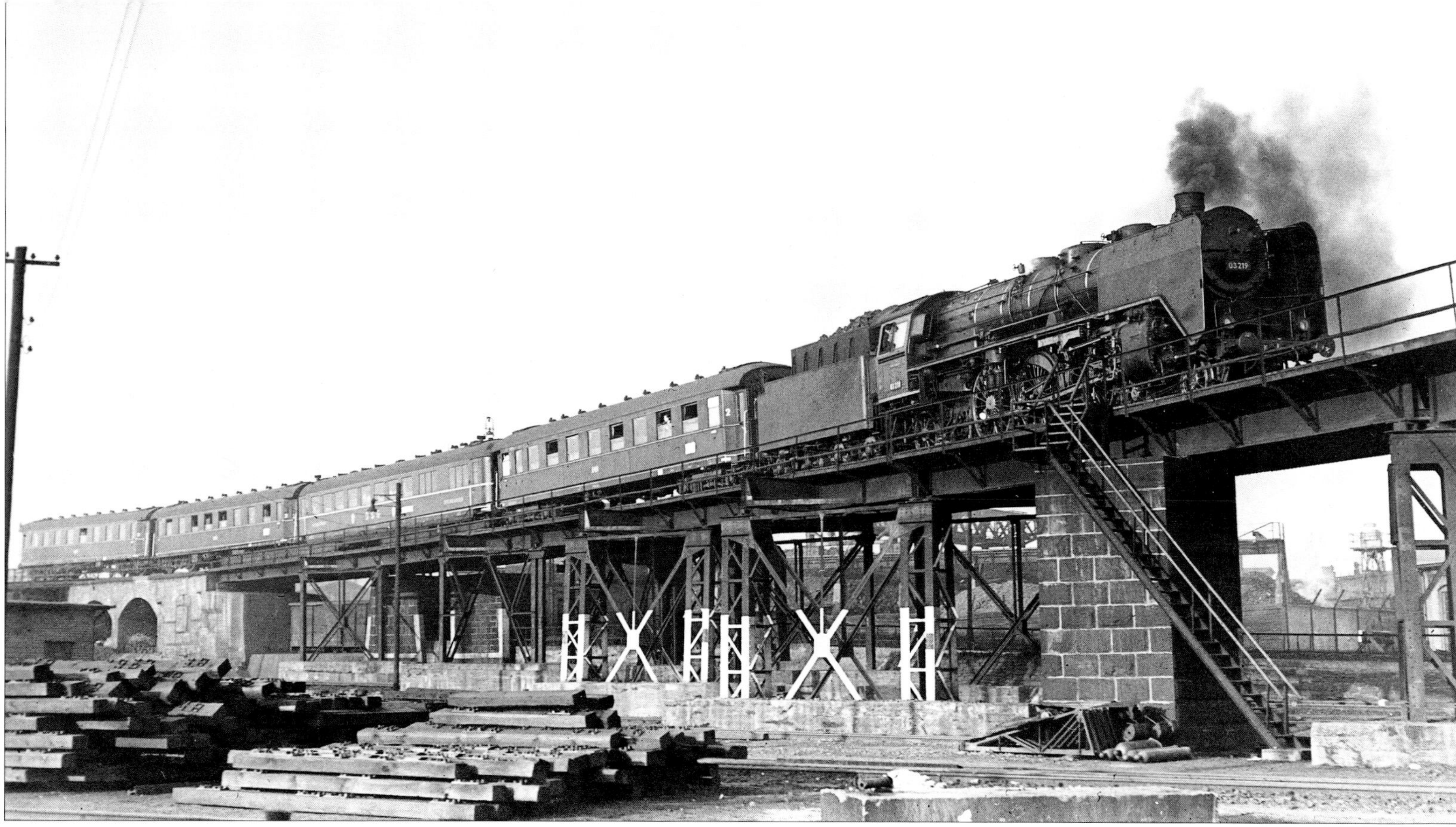

Dass in einer Stadt wie Hamburg mit dem riesigen Hafen, den Schienenwegen in alle Himmelsrichtungen und solchen Zügen das Fernweh plagt, ist verständlich. Am 11. April 1952 überquerte 03 219 mit F4 „Merkur", dessen erster Wagen einst zum „Rheingold" des Jahres 1928 gehörte, die Behelfsbrücke über den Güterbahnhof Altona in Richtung Hauptbahnhof. Hundert Jahre zuvor hätte dieser Zug in Kürze die „Staatsgrenze" zwischen den Städten Hamburg und Altona erreicht gehabt, aber daran denkt längst niemand mehr. Einige Jahre später wurde diese Brücke, die jeder Modelleisenbahn zur Ehre gereichen würde, durch eine aus Beton ersetzt.

Auch die Tage der Signalbrücke im Bahnhof Altona waren gezählt, als sie im Sommer 1951 von dem soeben einfahrenden – in seiner silber-blauen Farbgebung überaus elegant wirkenden – SVT 06 103 passiert wird. Das neu errichtete Stellwerk ist am linken Bildrand gerade noch erkennbar, nur die Lichtsignale fehlen noch.

Schon kurz nach ihrer Gründung begann die DB mit den Planungen zum Bau neuer Triebwagen und Lokomotiven, bzw. mit den Versuchen, die Effizienz bereits vorhandener Fahrzeuge zu erhöhen. Fünf Maschinen der Baureihe 01 erhielten beim Einbau ihrer Kessel Heinl-Mischvorwärmer und Turbospeisepumpen. Im Mischvorwärmer wurde das Speisewasser durch die unmittelbare Berührung mit dem Abdampf in der Mischkammer vorgewärmt. Obwohl der Wärmerückgewinn 7,5 % betrug und weitere Maschinen umgebaut werden sollten, blieb es letztlich bei diesen fünf Lokomotiven. Zwei von ihnen sind auf dieser Seite abgebildet. Oben links verlässt 01 112 mit dem schweren D 88 am 11. April 1952 den Bahnhof Altona. 01 154 (oben) legte am 7. März 1951 vor ihrer Weiterfahrt nach Süden in Harburg noch einen Halt ein. Am leichtesten hat es die nicht umgebaute und noch weitgehend originale 01 164 (links) am 30. Juni 1952, die mit dem nur aus vier Wagen bestehenden F 4 „Merkur" Harburg in voller Fahrt durcheilt.

Rechts: Abzweig Rainweg (Stw Ar), Bahnhof Holstenstraße, 4. November 1954, 18.43 Uhr. 01 108 vom Bw Osnabrück Hbf fuhr als Lz 10012 zum Hauptbahnhof, um dort den F 12 zu bespannen. Dabei überfuhr die Lok das Signal B im eingleisigen Abschnitt Altona – Holstenstraße und fuhr der Vorspannlok des im selben Moment ankommenden De 5136 in die Flanke. 01 108 fiel, sich einmal überschlagend, sieben Meter tief auf die Holtenaustraße. Auch 50 541 vom Bw Uelzen, die Vorspannlok des De 5136, kippte um, während die ebenfalls aus Uelzen stammende Zuglok 41 032 das Glück hatte, nur mit drei Achsen zu entgleisen. Der Lokführer der unfallverursachenden Lok kam mit geringen Blessuren davon, für den Heizer waren die Folgen jedoch so schwerwiegend, dass er nicht mehr im Fahrdienst eingesetzt werden konnte. Die Aufnahme mit der oben haltenden 03 213 entstand in den Vormittagsstunden des 5. November. Der Hüter des Gesetzes trug den damals bei der Polizei noch üblichen Tschako als Kopfbedeckung.

Ein untrügliches Zeichen des einsetzenden wirtschaftlichen Aufschwungs war natürlich das eigene Fahrzeug. Vespa, Lambretta und Bella hießen z. B. die bekanntesten Motorroller. Heinkel und Messerschmidt, einst namhafte Flugzeugfirmen, bauten die sogenannten „Kabinenroller", zu dessen bekanntestem Vertreter sich allerdings der BMW-Isetta entwickelte. Prestigeobjekt Nr.1 und für die absolute Mehrzahl der Menschen noch unerschwinglich aber war ein richtiger Pkw. Von Opel in Rüsselsheim war am 16. September 1953 ein Transport im Rangierbahnhof Wilhelmsburg angekommen. Ein Teil der neuen Opel „Olympia" ist abgeladen, die anderen stehen noch abgedeckt auf den Rungenwagen im Hintergrund. Darunter befinden sich auch einige neue Opel-Blitz Kleinlastwagen, deren Vorgänger bereits zu 'zigtausenden bei der Wehrmacht eingesetzt worden waren.

Unten: Optisch sehr gelungen war der DB-Büssing-Bus, der am 24. März 1952 im neuen Zentralen Busbahnhof Hamburg aufgenommen wurde. Die hinter der Vorderachse angebrachte Einstiegstür weist darauf hin, dass sich der Motorblock im Innenraum neben dem Fahrer befindet. Mit einer Ledermatte abgedeckt, war dies ein bevorzugter Sitzplatz für mitfahrende Kinder (auch ältere). Wer dachte schon an Gurte oder sonstige Sicherheitseinrichtungen? 1952 standen der DB übrigens 1.000 Omnibusse für 750 Buslinien zur Verfügung.

Nach ihrer Aufarbeitung bei Krauss-Maffei in München standen der DB ab 1950/51 die drei imposanten Schnellzugdampflokomotiven der Baureihe 05 zur Verfügung, die sie für das neu entstehende F-Zugnetz dringend benötigte. Als stromlinienverkleidete Maschinen waren diese in den dreißiger Jahren auf der „Rennstrecke" Hamburg – Berlin unterwegs, die jedoch seit 1945 hinter Büchen durch die Zonengrenze durchschnitten wurde. Die Leistungen, zu denen die Loks fähig waren und ihre Höchstgeschwindigkeit von 175 km/h wurden damals jedoch nicht gefordert, denn auf den erst nach und nach erneuerten Strecken der Nachkriegsjahre waren höchstens 120 km/h zugelassen. 05 001 hatte in Altona F 2 „Hanseat" (Kiel – Köln) übernommen, bis 1957 eine Stammleistung dieser Baureihe.

Neue Batteriefahrzeuge (oben) vereinfachten und beschleunigten die schweißtreibende Arbeit mit dem Reisegepäck und dem damals umfangreichen Expressgut.

Dampflokpersonale der fünfziger Jahre. Gelassen erwarteten Lokführer und Heizer die Abfahraufträge. Es waren eingespielte Lokmannschaften, die Kriegs- und Nachkriegsjahre durchgestanden hatten. Da musste schon einiges passieren, um diese Männer aus der Ruhe zu bringen. Mit den Zügen F 1 und F 2 erreichten die 05 Tagesleistungen bis zu 808 Kilometern. Ungewöhnlich ist das zweite Schild auf der Mütze des Heizers auf der Weltrekordlok 05 002 (oben), das er wohl als Feuerschutzblende trug. Im April 1954 trug 05 002 am Führerhaus noch das Gattungszeichen S 37.19. „S" bedeutete Schnellzuglok, „3" wies auf drei Kuppelachsen hin, „7" auf insgesamt sieben Achsen der Lok und „19" auf die Achslast. Diese Schilder entfielen jedoch in den folgenden Jahren bei der DB, während sie bei der DR der DDR bis zum Ende des Dampfbetriebes beibehalten wurden. Auch die Direktionsschilder „ED" für Eisenbahn-Direktion waren schon nicht mehr zeitgemäß, denn die DB nannte diese nach ihrer Gründung „BD" für Bundesbahn-Direktion. Aber bei vielen Dampflokomotiven blieben sie bis zu deren Ausmusterung. Bei den schon 1957 abgestellten 05 002 und 003 – 05 001 folgte am 3. April 1958 – ebenso wie bei 03 036, die am 10. September 1931 als fabrikneue Schnellzuglokomotive zum Bw Altona kam, und dort nach 31 Dienstjahren am 18. Juni 1962 ausgemustert wurde.

In Hamburg Hbf entstand die Aufnahme oben. Ausfahrt frei für 05 002 mit F 2 „Hanseat" (Kiel – Köln) im April 1954. Oben links überquert 05 003 an einem nasskalten Tag im Februar 1955 die Lombardsbrücke. Die Ausmaße der gewaltigen Maschine lassen sich an dem im Führerstand sichtbaren Heizer ermessen.

1940 erhielt das Bw Altona zwei neue, stromlinienverkleidete Schnellzuglokomotiven der Baureihe 03^{10}, die jedoch schon 1942 an die RBD Köln abgegeben wurden. Wesentlich bedeutender waren die Leistungen der vom Sommer 1954 bis Anfang 1958 hier beheimateten sieben 03^{10}, die ausschließlich im hochwertigen Reiseverkehr vor F- und D-Zügen eingesetzt wurden. Für 03 1017 (links, im März 1955 in Hamburg Hbf) begann der Betriebsdienst 1941 im Bw Stargard in Pommern, bevor sie nach Schlesien zu den Bahnbetriebswerken Kattowitz (1943) und Breslau Hbf (1944) wechselte. 1945 vor der näherrückenden Ostfront in den Westen Deutschlands abgefahren, war sie bei den Bw Braunschweig Hbf, Offenburg und Paderborn zuhause, ehe sie vom 19. August 1954 bis zum 15. Dezember 1957 dem Bw Altona angehörte.

01 177 (links) vor dem Bahnhof Hamburg Dammtor auf dem Weg zum Endbahnhof Altona. Auf der Straße geparkt und unterwegs waren zwei VW-Export, ein Mecedes Benz 190 als Taxi (rechts) sowie einer der ab 1955 gebauten Opel Olympia Caravan. Ob die Herren (oben) mit ihrer damals modernen Ski- und Wanderausrüstung mit dem Gegenzug in Richtung Süden fuhren, kann nicht mehr ermittelt werden.

Noch recht lückenhaft war das Häuserumfeld am Zollkanal in den fünfziger Jahren (siehe auch Seite 18 unten), aber inzwischen waren selbst die Häuserreste eingedeckt – alles machte wieder einen aufgeräumten Eindruck. Der über die Brücke fahrende Hochbahnzug war in den ab 1949 eingeführten Farben creme/rot lackiert, der zweite Wagen hatte noch die (zwischenzeitlich wieder aufgegebenen) Zierlinien ober- und unterhalb der Fenster.
Am 29. August 1952 passierte ein S-Bahn-Zug der Baureihe ET 171 den alten Bahnhof Hamburg Sternschanze. In diesem Sommer fanden die Olympischen Sommerspiele in Helsinki statt, die ersten, an denen Deutschland nach dem Zweiten Weltkrieg wieder teilnehmen durfte.

Im September 1954 rangierte 94 1228 (oben und unten) im Verschiebebahnhof Eidelstedt Güterwagen amerikanischen Ursprungs. Diese wurden von der US-Armee während des Zweiten Weltkriegs nach Europa geschafft, um sie für die Versorgung ihrer Truppen einzusetzen. Von diesen Güterwagen konnte die DB eine große Zahl übernehmen und glich damit die durch den Zweiten Weltkrieg dezimierten Bestände einigermaßen aus, bis neue Wagen beschafft waren.

Wo sich einst Schuppen an Schuppen drängten (oben links), klaffen auch in den fünfziger Jahren noch große Lücken, aber der Hafen der Hansestadt hat längst seine alten Fuktionen wiedererlangt. Und nicht zuletzt trug das ewige Kommen und Gehen der Schiffe und ihrer Mannschaften einen wichtigen Teil zur Verständigung nach den Geschehnissen des Zweiten Weltkriegs bei.

74 637 vom Bw Hamburg-Altona, eine der zahlreichen und jahrzehntelang hier eingesetzten preußischen T 12, verschiebt im Januar 1957 am Kai in Altona Kühlwagen. Ob die Personale der Lokomotiven im benachbarten Fischereihafen-Restaurant ihre vom harten Dienst trocken gewordenen Kehlen kühlten?

Die Gegensätze im Erscheinungsbild der DB waren wohl nie größer als in den fünfziger und sechziger Jahren. Diese Zeit – in der Eisenbahngeschichte als Epoche 3 bezeichnet – ist durch die Vielfalt der sich täglich begegnenden alten und modernen Fahrzeuge bei Eisenbahnfreunden und Modelleisenbahnern überaus beliebt. Diese Gegensätze offenbaren sich in dem Bild oben. Wie ein Vorbote der neuen Zeit rollte am 18. März 1954 einer der nagelneuen Triebzüge der Baureihe VT 12^5 aus der Triebwagenhalle des Bw Altona in den kalten Frühlingstag, während die betagte 74 906 mit Rangieraufgaben betraut war. Die Konkurrenz für die Schnellzugdampflokomotiven ist inzwischen auch in Dienst gestellt worden: die V 200. Eine der ersten Loks dieser Baureihe, V 200 004 (rechts), führt im Februar 1955 F 41 als Ersatzzug für Ft 41 „Senator" zum Zielbahnhof Altona, wo sie pünktlich um 13.07 Uhr ankommen wird.

Aber nicht nur moderne und aufgearbeitete Fahrzeuge gaben der DB ein neues Gesicht, sondern auch renovierte Bahnhöfe. Es gab viel zu tun in jenen Jahren. Das Bild oben zeigt hinter der Uhr und dem Bahnhofsschild eine im Bauzugdienst tätige Lokomotive, deren rundes Dach auf eine Stromlinienlok hinweist. Es ist die ehemalige LBE-Lok 74 1321, die vor dem Ende ihrer Tage für solche Arbeiten gerade noch recht war.

Bei der Internationalen Verkehrsausstellung (IVA) in München 1953 wurden die beiden neuartigen, mit hydraulisch-mechanischen Getrieben ausgestatteten, Leichtmetall-Gliedertriebzüge VT 10 551 als Nachtzug „Komet" (oben rechts, Eigentum der DSG) sowie der Tagestriebzug VT 10 501 (rechts, Eigentum der DB) mit dem Namen „Senator" vorgestellt. Schon bald nach der Aufnahme des Nachttriebzuges in den Plandienst wurde als achtes Fahrzeugteil ein Speisewagen eingefügt, um „Nachtschwärmern" die Reise kulinarisch oder einfach nur mit einem Gläschen Wein etwas abzukürzen. Das „M" auf der Frontseite erinnert daran, dass die Deutsche Schlafwagen- und Speisewagen-Gesellschaft (DSG) auch weiterhin unter dem Mitropa-Zeichen firmierte, ebenso die DR der DDR, diese jedoch ohne Kopf im „M".

Neben dem Tagestriebzug stand im Juli 1954 in Altona eine Dampflokomotive, die wir bereits auf Seite 39 unten rechts unter den abgestellten Maschinen gesehen haben. Auch ohne Stromlinienverkleidung ist die riesige 05 001 mit ihren 2,30 Meter hohen Treibrädern noch eine imposante Erscheinung. Im Sommer 1963 trat sie ihre letzte Fahrt in das Verkehrsmuseum Nürnberg an, nachdem man sie zuvor wieder in den Originalzustand mit der Stromlinienverkleidung zurückversetzt hatte.

1959 gehörten Neubauwagen bereits zum gewohnten Bild bei der DB (oben). Auf Gleis 9 fuhr soeben der verspätete D 87 aus München ein, bespannt mit 01 1104 vom Bw Bebra. Im Vordergrund, auf Gleis 10, wartet ein blauer F-Zug, der von Hamburg bis Kiel von einer V 200 befördert wurde. Die vor dem Halbspeisewagen stehenden Wagen trugen bereits den ab 1958 eingeführten elfenbeinfarbenen Kennstreifen für 1.-Klasse-Abteile. Im Hintergrund, auf Gleis 6, standen preußische Abteilwagen der relativ seltenen eisernen Bauart, von denen der Bahnhof Hamburg Hbf 1959 noch sieben Exemplare beheimatete.

03 1050 (oben rechts) – wie 01 1104 einst eine Stromlinienschnellzuglokomotive – am 28. März 1958 vor dem heimatlichen Schuppen in Altona. Sie gehörte von April 1954 bis Januar 1958 hierher. Zehn Jahre zuvor war sie noch im Bw Breslau Hbf zu Hause.

Rechts: Der planmäßig aus VT/VM/VS 08 bestehende Ft 78 „Helvetia" wurde am 1. Juni 1957 durch den Vorkriegstriebzug VT 04 501 der Bauart Hamburg (siehe auch Seite 30 oben links) verstärkt. Am nächsten Tag wurde diese Verbindung zum TEE aufgewertet. Der nebenher fahrende Wendezug bestand bereits vollständig aus Umbaudreiachsern mit einem 26,4-m-Steuerwagen der Gattung B4ymgf. Es schob eine – hier nicht zu sehende – Dampflok der Baureihe 38^{10} (preußische P 8).

Große Beachtung wie 20 Jahre zuvor die stromlinienverkleideten Schnellzugdampflokomotiven und Schnelltriebwagen fand die neue Diesellok V 200 002, die am 8. September 1955 mit der neuen Wagengarnitur des „Blaue Enzian" (F 55/56) im Hauptbahnhof zu Werbezwecken aufgestellt wurde. Das Personal der danebenstehenden 38 3191 wird sich in Anbetracht der neuen Maschine Gedanken darüber gemacht haben, wie wohl ihre Zukunft aussehen würde. Und richtig, die Bahnbetriebswerke Hamburg-Altona und Lübeck entwickelten sich schon bald zu Hochburgen der Baureihe V 200. Aber Werbung hin, Werbung her, es war eine typische Bahnsteigszene der fünfziger Jahre. Ein Speisewagen oder Speiseraum gehörten zum selbstverständlichen Service in den Fernzügen, und wurde nicht – wie heutzutage in Frage – gestellt. Hinzu kamen die flinken Bahnsteighändler mit ihren vollbepackten Wagen, bei denen es von Zeitungen über Schokolade bis zur heißen Wurst alles zu kaufen gab, was des Reisenden Herz (zusätzlich) begehrte. Der Wagen mit dem Speiseraum gehörte übrigens der Gattung BR4ümg-54 an, der 1.-Klasse-Wagen davor ist ein AB4ümg-54 noch ohne den später üblichen elfenbeinfarbenen Streifen unter der Dachrinne als Erkennungsmerkmal.

1955 – im Jahr zehn nach Beendigung des Zweiten Weltkriegs – als die Bilder dieser Seite entstanden, erhielt die Bundesrepublik, im Rahmen des Deutschlandvertrages, von den westlichen Siegermächten den Status eines souveränen Staates.

Zur Ergänzung des Schienen-Güterverkehrs standen der DB wieder neue Lkw zur Verfügung. Der im Fernverkehr eingesetzte Büssing 8000 (oben) gehörte am 11. Januar 1954 zur BD Hamburg. Ein besonders interessantes Fahrzeug war der unten abgebildete Gaubschat-Bus, der mittels eines Übergangs mit seinem Anhänger verbunden war, ein technischer Vorläufer der späteren Gelenkbusse

Typische und weitverbreitete DB-Fahrzeuge waren auch der Büssing-Bus (oben, 1957) mit dem neuen DB-Logo und dem obligatorischen Gepäckständer auf dem Dach, der vom Fahrer beim Beladen sportliche Einlagen abforderte, sowie der mit seiner abgerundeten Motorverkleidung moderne Magirus-Deutz-Lkw, den die DB ab 1956 im Nahverkehr einsetzte.

Obwohl gegen Ende der fünfziger Jahre bereits neue Fahrzeuge auf den Linien der Hamburger Hochbahn unterwegs waren, konnte auf die älteren Züge mittelfristig noch nicht verzichtet werden. Das gestiegene Fahrgastaufkommen und die entstehenden Neubaustrecken machten sogar die Verstärkung der Züge erforderlich, so wurden z. B. im Berufsverkehr auf der Langenhorner Bahn inzwischen Züge mit acht Wagen eingesetzt. 1959 entschloss man sich daher, noch 100 Wagen älterer Bauart von Grund auf zu modernisieren und mit einer Bekleidung aus Nirostablechen zu versehen. Die Hamburger gewöhnten sich rasch an die „neuen" Fahrzeuge im blanken Metallglanz, für die sie auch gleich den passenden Namen hatten: „Silberlinge". Diesen Namen erhielten übrigens auch die bald danach auf den Gleisen der DB auftauchenden neuen Personenwagen. Bestens bewährt hatten sich längst auch die ab 1940 in Dienst gestellten und durch die Kriegsereignisse erst 1954 und 1958 weiter beschafften S-Bahn-Triebzüge der Baureihe ET 171. Diese Fahrzeuge erhielten inzwischen ein drittes Spitzenlicht und zwischen den Lampen das DB-Logo, wie der 1965 nach Poppenbüttel ausfahrende S-Bahn-Zug (rechts).

Der Gaubschat-Bus auf der linken Seite wurde übrigens für die neu eingerichtete Schnellbus-Linie Hamburg – Harburg beschafft, deren Konzession die DB der HHA wegschnappte.

Links Oben: Sommer 1957. Sonntags wäre auch heute noch viel Platz in Hamburgs Innenstadt. Vor dem planmäßigen Schnellbus der Linie 36 (Mercedes O 321 H) hat sich zur Verstärkung ein Büssing TU 5000 aufgestellt, der werktags im Normalbetrieb lief.

Oben: Virginia Nr. 6 hieß die Zigarettenmarke, für die die beiden V2-Tw 3006 und Tw 3008 des Baujahres 1928 im Mai 1957 Werbung machten. Während Tw 3008 noch mit der Frontpartie von 1950 unterwegs war, hatte Tw 3006 bereits die modifizierte Form mit neuen Fenstern, Lampen sowie Ziel- und Linienanzeigern nach dem Umbau ab 1956. Die Aufnahme entstand in der Wendeschleife vor dem Bahnhof Veddel.

Links: Ein Mercedes-O 321 H-Linienbus auf der „32" in Rahlstedt. Die wendigen und damals hochmodernen Fahrzeuge hatten Unterflurmotore und in der Dachschräge angebrachte Oberlichtfenster. Diese abgerundeten Plexiglasfenster waren eine typische Bauform der fünfziger Jahre, die auch bei den Schienenbussen der Baureihe VT 95 der DB angewendet wurde. Allerdings bewährte sich diese zusätzliche Lichtquelle nicht sonderlich, denn bei Sonnenschein erhöhte sich die Temperatur in den noch nicht klimatisierten Fahrzeugen erheblich, bei längeren Touren waren sogar Sonnenbrände möglich. Der auf der anderen Straßenseite geparkte VW „Export" mit dem ovalen Heckfenster wurde ab 1955 gebaut. Zuvor war das sogenannte „Brezelfenster" üblich.

An diesem klassischen Dreiwagenzug der Hamburger Straßenbahn (links) fällt wieder die an allen Fahrzeugen gleiche, aber wöchentlich wechselnde Plattformwerbung auf. Mittwochs war Familientag bei Hagenbeck mit ermäßigten Eintrittspreisen, so dass die sonst mit Großraumzügen bestückte Linie 16 auch außerhalb der Hauptverkehrszeit durch Altbauzüge verstärkt werden musste. Die Aufnahme entstand am 30. Juli 1958 an der Ecke Bundesstraße/Beim Schlump.

Zum Zeitpunkt der Aufnahme im März 1958 war Triebwagen 2278 (unten) – ein Fahrzeug der Baujahre 1894-97 – bereits über 60 Jahre alt. Unermüdlich – immerhin hat er zwei Weltkriege überstanden – rumpelte er an diesem nasskalten Frühlingsabend zu fortgeschrittener Stunde über seine Linie 5 und passiert soeben den Rathausmarkt. Wesentlich jünger als Tw 2278 war Tw 3309 (unten links), der mit seinem Beiwagen vor dem Hauptbahnhof einen Halt einlegt. Diese Tw verloren gegen Ende der sechziger Jahre anlässlich von Hauptuntersuchungen die „Bauchbinden", die sie beim Umbau auf schaffnerlosen Betrieb bekommen hatten.

bahngeschichte nicht weniger als 14 Reisezüge mit 14.000 Fahrgästen und 50 (!) schwere Güterzüge mit über 60.000 Tonnen geführt, wobei aus Gewichtsgründen wieder einmal die guten alten P 8 sowie die Baureihe 50 als Zuglokomotiven zum Einsatz kamen. Dass die Züge über den „Dünndarm" weitab der sonst üblichen Betriebsvorschriften sicher und unfallfrei gefahren wurden, müsste eigentlich nicht extra erwähnt werden …

Durch die hier angewendete, wirklich unbürokratisch-gute Zusammenarbeit und Improvisation aller Stellen war es gelungen, die Auswirkungen der verheerenden Flutkatastrophe in wenigen Tagen zu stabilisieren und schließlich zu überwinden – vor allem durch den selbstlosen Einsatz zahlloser Helfer.

Am Donnerstag, dem 22. Februar 1962, schauten in den frühen Morgenstunden im Bahnhof Wilhelmsburg die Schienenköpfe der Ferngleise Hamburg – Hannover aus dem Wasser – aber immer noch aus einer überschwemmten Fläche von über 700 m^2. Eine erste Inspektion zu Fuß brachte Johann Bock – damals Betriebsstreckendezernent für den Raum Hamburg – die Zuversicht, dass das Gleis Hauptbahnhof – Harburg probehalber befahren werden könnte …

Am Mittwoch, dem 21. Februar, waren die Streckengleise noch nicht befahrbar. In den frühen Morgenstunden des Donnerstags blitzten jedoch die Schienenköpfe der Durchgangsgleise des Bahnhofs Wilhelmsburg aus dem Wasser. Johann Bock durchquerte mit einigen Kollegen die immerhin noch 700 Meter lange Wasserfläche. Während das Gleis in Richtung Hamburg Hbf mehrfach unterspült war, schien das Gleis in Richtung Harburg befahrbar zu sein. Die Probefahrt mit einer V 60 verlief anstandslos, ebenso, obwohl wesentlich gewagter, die anschließende Fahrt eines schweren Güterzuges mit einer Lok der Baureihe 50. Der Jubel konnte bei der Eröffnung einer Eisenbahnlinie kaum größer gewesen sein, als um 10.26 Uhr der von einer 01^{10} beförderte D 384 als erster Reisezug im Schritttempo Wilhelmsburg auf den Ferngleisen passierte. Überall, wo nun das Wasser zurückging, wurde augenblicklich mit der Wiederherstellung der Gleise begonnen, bis zur Wiederinbetriebnahme des Rbf Wilhelmsburg und vieler anderer Verbindungen vergingen jedoch noch Tage. In den folgenden Jahren hat die Hafenbahn den „Dünndarm" signal- und fernmeldetechnisch ausgebaut und auch die Bahnübergänge mit zuggesteuerten Blinkanlagen ausgerüstet.

Die Lehre aus dieser Katastrophe war, dass in den folgenden Jahren konsequent die Deichanlagen repariert bzw. systematisch ausgebaut wurden. Die neuen Anlagen bewährten sich auch prompt im Januar 1976, als eine riesige Sturmflut über Hamburg hereinbrach, die das Wasser noch 40 cm höher steigen ließ als 1962. Nun kam alles darauf an, man bangte und hoffte in Hamburg. Da und dort schwappte zwar das Wasser über die neuen Anlagen – aber die Deiche und Tore hielten! Probleme gab es bei der Hafenbahn und bei der DB. Diese zweite Sturmflut veranlasste die Hansestädter, weiter auszubauen, zu vervollständigen und auch das Nachrichtensystem zu modernisieren. So bewährten sich diese Anlagen auch bei mehreren gefährlichen Stürmen in den letzten Jahren.

Aber es gab auch wieder sonnige Tage. Vor der schönen Kulisse der Hansestadt, beschleunigte 01 208 (oben) auf der Pfeilerbahn in Höhe des Oberhafens ihren Schnellzug, während eine „Etage“ tiefer eine DB-Neubaulokomotive der Baureihe 82 unmittelbar neben dem „Zollzaun“ der Freihafengrenze mit Rangierarbeiten beschäftigt war.

Rechts oben: Phantasie und Talent bewies die Straßenbahnwerkstatt Falkenried stets, wenn es um die Modernisierung älterer wagen ging. So erhielten 51 Z2-Triebwagen der Baujahre 1921/1926 im Jahr 1958 bei Graff in Elze u. a. Schienenbremsen, eine Niederspannungsanlage sowie geräumigere, geschweiste Plattformen mit Rollbandbeschilderung, um den ab Juni 1960 inkraft tretenden Vorschriften zu genügen. Hier wartet Tw 2744 mit seinem Zug vor dem Betriebshof Ohlsdorf auf die Nachmittagsspitze, um sich dann über Alsterdorfer Straße als Verstärkung in die Linie 9 nach Bramfeld einzufädeln.

Rechts unten: Auch die V2-Triebwagen von 1928 wurden durch die Hauptwerkstatt Falkenried modernisiert, zuletzt in den Jahren 1956/59. 1968 ist Tw 2930 als Verstärker auf der Linie 1 an der Haltestelle Palmaille/Behnstraße zu sehen. Er wurde 1969 ausgemustert und steht heute beim Verein Verkehrsamateure und Museumsbahn Hamburg (VVM) am Schönberger Strand.

Die Bilder links und oben wurden 1964 in Hamburg Kai rechts aufgenommen. Erst auf den zweiten Blick erkennt man, dass – im Gegensatz zu dem Foto oben vom 4. Januar mit der ramponiert aussehenden 82 009 – auf dem Bild links vom 28. November die Fahrbahnauflage der Pfeilerbahn nicht nur von Grund auf überarbeitet wurde, sondern die Elektrifizierungsarbeiten der Fernstrecke Hannover – Hamburg nun die Hansestadt erreicht hatten.

Nicht aus dem Alltag der Hamburger Rangierbahnhöfe und Hafenanlagen wegzudenken waren die schweren, seit 1950 beschafften DB-Neubauloks der Baureihe 82. Von Anfang an war eine ganze Reihe dieser Maschinen in Hamburg anzutreffen. Sie arbeiteten „Hand in Hand" – siehe rechts 94 1514 und 82 003 – mit den schon seit vielen Jahren hier eingesetzten Loks der Baureihe 94^1 (preuß. T 16^1). Interessant ist, dass die wesentlich älteren Maschinen die jüngeren um Jahre überlebten. Das Bild oben mit 82 009 entstand am 28. November 1964 vor dem wohl einzigartigen Jugendstil-Reiterstellwerk in Hamburg Süd. Zwischenzeitlich hatte die Lok die dringend notwendige Lackauffrischung erhalten.

Das Anschlussgleis zwischen Hübnerkai und Strandkai hat 94 891 am 28. November 1962 zu bedienen. Ob sich die Lokmannschaft über den Fotografen amüsiert oder einfach nur über den freundlichen Herbsttag, lässt sich wohl nicht mehr ermitteln. Am 4. Januar 1964, also zu Beginn desselben Jahres, nahm der Fotograf natürlich nicht nur Güterzugtenderlokomotiven auf, sondern er nutzte den schönen Wintertag, um kurz vor dem Beginn der Elektrifizierungsarbeiten der Fernbahn dort einige Züge aufzunehmen. 41 221 (rechts oben) führt einen aus vierachsigen Umbauwagen bestehenden Eilzug über die Pfeilerbahn, dessen einheitliches Erscheinungsbild nur von dem Packwagen polnischen Ursprungs unterbrochen wird, der nach dem Zweiten Weltkrieg in Deutschland blieb. 03 141 legt dagegen mehr Wert auf Klassik, denn ihr Zug bestand ausschließlich aus Einheitswagen deutscher Vorkriegsbauarten.

Noch dominieren im Hamburger Hauptbahnhof die Dampflokomotiven, aber dieses Bild änderte sich schon bald, denn im Laufe dieses Jahres 1964 wurden die Fahrleitungsarbeiten für den elektrischen Betrieb weitgehend abgeschlossen. Damals wie heute ist der Hauptbahnhof Mittelpunkt im Bahnbetrieb der Hansestadt. Hier traf sich von den Zügen des Schnellverkehrs über die TEE bis zu den Güterzügen alles, was die Bahn zu bieten hatte. Im Vorfeld des Hauptbahnhofs begegneten dem Fotografen am 8. März 1964 Lokomotiven, die aus dem Betriebsalltag Hamburgs noch nicht nicht wegzudenken waren. 41 002 (oben links), die im Vorjahr noch zum Bw Eidelstedt gehörte und nun in Flensburg zuhause war, führte einen aus Kühlwagen bestehenden Zug in flotter Fahrt in Richtung Norden. Oben rechts, an derselben Stelle, aber am 30. Mai aufgenommen, verlässt die Wittenberger 03 277 Hamburg Hbf mit einem Interzonenschnellzug nach Altona. Unten treffen wir die alten Preußen 94 690 (links) mit einer schweren Übergabe und 78 125 (rechts), die zum Umsetzen bis vor die Kunsthalle Hamburg gefahren war.

Begleitet von einem Bahnpolizisten fahren im Juli 1964 Pkw – vorne ein Mercedes Benz 220 SE, dahinter ein VW Export – auf den Bahnsteig 3 in Altona. Die Autoverladung erfolgte in planmäßig von Schnellzügen mitgeführten Autotransportwagen.

Rechts oben und unten: Geradezu klassisch muten die Bilder in der lichtdurchfluteten Jugendstilhalle des Bahnhofs Altona an. 03 034 und 01 106 (dahinter) waren am 20. Juli 1964 (dem 20. Jahrestag des Attentats auf Hitler) mit ihren Zügen in Altona angekommen und mussten nun warten, bis Rangierlokomotiven ihre Wagen abgezogen hatten. 03 034, (Henschel, Fabrik-Nummer 22005), wurde als fabrikneue Lok am 3. September 1931 dem Bw Altona zugeteilt. 26 Jahre lang – bis zum 21. März 1957 – blieb sie ihrem Heimat-Bw treu. Nach drei Jahren in der Fremde kehrte sie am 2. Juni 1960 nach Altona zurück und blieb hier – nur unterbrochen von einem Gastspiel von Mai bis August 1967 im benachbarten Bw Hamburg-Harburg – bis zum Ende ihrer Laufbahn. Ihre Ausmusterung erfolgte am 3. Dezember 1969.

Die Ziehung der Zonengrenze nach dem Zweiten Weltkrieg schnitt nur rund 40 Kilometer östlich Hamburgs den einst großen Einzugsbereich der Hansestadt radikal ab. Büchen war Grenzbahnhof im Westen geworden, Schwanheide im Osten. So waren die über die alte Hauptbahn Berlin – Hamburg verkehrenden „Interzonenzüge" für viele Menschen die einzige Möglichkeit, mit entsprechenden Reisedokumenten ihre Angehörigen in der jenseits des Stacheldrahtes entstandenen DDR zu besuchen.

Die Deutsche Demokratische Republik war am 12. Oktober 1949 – durch die Umbildung der Wirtschaftskommission der Sowjetischen Besatzungszone zur Regierung – gegründet worden, sozusagen als direkte Antwort der Sowjetunion auf die Gründung der Bundesrepublik Deutschland wenige Monate zuvor.

Befördert wurden die Züge nach Hamburg von Maschinen der DR, die sich von den Loks der DB äußerlich nur durch die Form des Mischvorwärmers und die Anordnung der Windleitbleche unterschieden. 03 042 (oben links, 1966 in Altona) entsprach bereits den Baugrundsätzen der DR. Die DR-Neubauloks der Baureihe 23^{10} (oben) waren in Hamburg jedoch nur kurz zu sehen. 23 1013 drückt im April 1966 ihren Zug in den Abstellbahnhof Hbr.

Links: Neue Schritte beim Bau von Triebwagen unternahm man in den fünfziger Jahren auch bei der Deutschen Reichsbahn in der DDR, die 1954 drei bei der Firma Ganz in Budapest gebaute Triebzüge der Baureihe VT 12^{14} in Dienst stellte. Der dritte im Bunde, VT 12.14.03, durchfährt am 20. April 1961 als F 166 Hamburg Dammtor.

Die mit den Interzonenzügen nach Hamburg kommenden Lokomotiven der DR – in der DDR blieb der Name „Deutsche Reichsbahn" bis zur Fusion der beiden deutschen Bahnverwaltungen DB und DR im Jahr 1994 erhalten – wendeten stets im Bw Altona. Gestattet war dort selbstverständlich das Wasserfassen, aber – das war eine Anordnung der DR – es durfte keine Kohle genommen werden. Dem guten Einvernehmen der Eisenbahner war es zu verdanken, dass DR-Loks oftmals unter der großen Bekohlungsanlage durchfuhren und einige Greiferladungen guter Ruhrkohle bunkerten, ohne dass viel darüber geredet wurde. Ebenso ging es mit Teilen abgestellter Altonaer Loks der Baureihe 03, von denen so manches gut erhaltene Stück als Ersatzteil an einer Wittenberger 03 den Weg über die deutsch-deutsche Grenze fand. Bei den von Grund auf modernisierten 01 (links), nun als Baureihe 01^5 bezeichnet, von denen der überwiegende Teil Ölfeuerungen erhielt, war zwar das Kohlefassen überflüssig geworden, aber es änderte sich nichts an dem guten Ton, der miteinander gepflegt wurde. So unterhalten sich sogar Reisende mit dem Personal der imposanten Lok – dies war den DR-Eisenbahnern übrigens auch verboten. 01 503 besaß die bei einigen 01^5 verwendeten Boxpok-Räder. 03 121 (unten links), 1964 im Vorfeld des Hauptbahnhofs, hatte – vom Mischvorwärmer abgesehen – noch weitgehend ihre ursprüngliche Form bewahrt. 03 204 (unten, fährt noch heute Sonderzüge beim Lausitzer Dampflok-Club) und 01 1085 vom Bw Osnabrück Hbf warten im Frühjahr 1967 im Bw Altona auf die Freigabe ihrer Gleise.

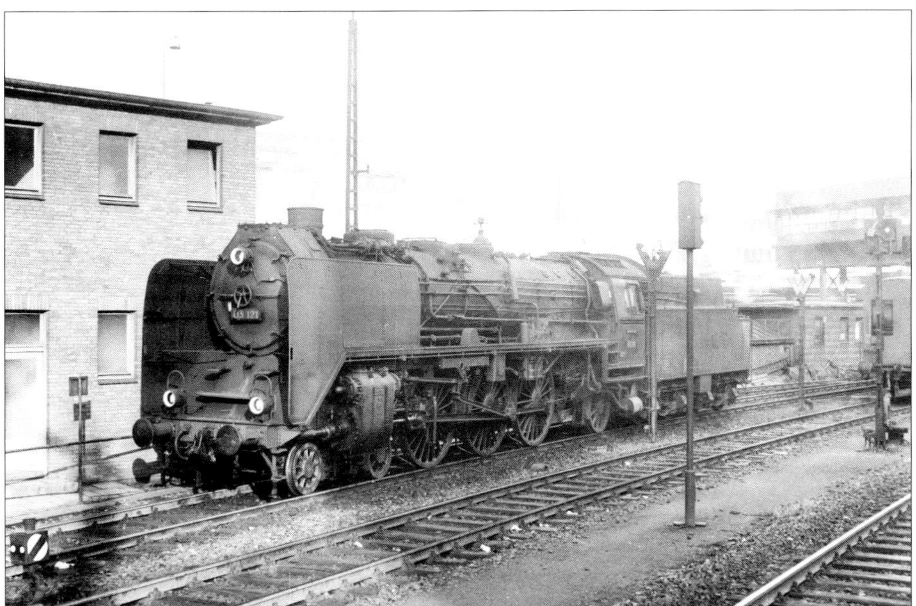

Im Zeichen des Strukturwandels

Der Strukturwandel in der Zugförderung der DB – also weg von den Dampflokomotiven, Elektrifizierung der wichtigsten Strecken bzw. Verdieselung der übrigen – hatte um die Mitte sechziger Jahre große Fortschritte gemacht. Mit der am 15. März 1965 erfolgten Umstellung des 170 Kilometer langen Streckenabschnitts Lehrte – Celle – Uelzen – Lüneburg – Hamburg-Altona auf elektrischen Zugbetrieb konnten nun die Züge auf der gesamten Nord-Süd-Strecke bis Frankfurt (M) durchgehend mit Elloks bespannt werden. Da von diesen jedoch noch nicht genügend zur Verfügung standen, fuhren zunächst noch Dampflokomotiven – vornehmlich im Güterverkehr – auf der elektrifizierten Strecke.

E 10 303 (links unten) wurde am 13. August 1963 beim Bw Hannover in Dienst gestellt. Als sie im April 1965 in Altona einen Schnellzug bespannte, waren die Bahnsteige – im Rahmen der Elektrifizierungsarbeiten – gerade erhöht worden. E 10 376 (oben links) kam am 26. Mai 1965 als fabrikneue Lokomotive zum Bw Hamburg-Eidelstedt, das damals zur Heimatdienststelle moderner Triebfahrzeuge der BD Hamburg bestimmt und entsprechend umgebaut worden war. E 10 410 (oben) traf am 4. April 1966 – ebenfalls fabrikneu – in Eidelstedt ein.

Im Sommer 1967 im 01^{10}-bespannten Schnellzug aus Richtung Osnabrück und Bremen kommend, fotografierte der Autor den parallel fahrenden Schnellzug mit E 10 410 (oben) aus Hannover in Höhe des Oberhafens. Beide Züge fahren in Richtung Hamburg Hauptbahnhof.

Die zwischen 1962 und 1965 in Dienst gestellte stärkere Variante der bewährten V 200, die Loks der Baureihe V 200^1 (unten und rechts), gehörten Mitte der sechziger Jahre genauso zum Hamburger Eisenbahnalltag wie die schon rund fünf Jahre alte Vorserien-Diesellok V 160 002 (oben) die – wie ihre acht baugleichen Schwestern – in Lübeck beheimatet war und vor allen Zugattungen eingesetzt wurde.

Seit 1923 gehörten zahlreiche Lokomotiven der Baureihe 78 zum Bestand der Reichsbahndirektion Altona und waren von da an jahrzehntelang im Großraum Hamburg unentbehrlich geworden. Die starken und schnellen Maschinen waren selbst modernen Dieselloks ebenbürtig. Für 78 235 (unten) begann an diesem Nachmittag im August 1964 der Dienst, das Personal hatte soeben noch die Lok abgeölt sowie die Wasser- und Kohlevorräte ergänzt – die übliche Prozedur im Dampfbetrieb. In dem gewaltigen Behälter hinter der Lok waren die Ölvorräte für die ölgefeuerten Dampfloks gebunkert. 01 1061 (links) war eine dieser Ölloks die ab 1968 als Baureihe 012 bezeichnet wurden. Am 27. Mai 1967 wurde 01 1061 vom Bw Kassel zum Bw Altona umbeheimatet, dort entstand im Juni 1967 diese Aufnahme. Ihre neue Dienststelle setzte die Maschine sowie die anderen nach und nach in Altona beheimateten ölgefeuerten 01^{10} vor den oftmals mehr als 600 t schweren Schnellzügen nach Osnabrück, Kiel und Westerland ein.

Interessant war der Weg, den 50 1446 (links) in ihrem Betriebsdasein zurücklegte. Nach ihrer Abnahme und Indienststellung 1941 im Bw Leipzig-Wahren beheimatet, kam sie über Löhne, Seelze, Hannover und Kirchweye am 1. Februar 1962 zum Bw Helmstedt. Zu diesem Bw gehörte sie auch, als sie im August 1964 gemeinsam mit 78 021 in Altona stand. Zu diesem Zeitpunkt hatte sie noch zwölf Betriebsjahre vor sich, die sie ab 1967 in Braunschweig, ab 1972 in Uelzen und schließlich ab 1. August 1973 in Saarbrücken verbrachte. Dort bespannte sie am 29. Mai 1976 den Abschiedszug der BD Saarbrücken vom Dampfbetrieb und wurde zwei Tage später z-gestellt. Aber das übliche Schicksal der Dampflokomotiven, verschrottet zu werden, ereilte sie nicht. Sie zählt heute zum Bestand des Eisenbahnmuseums Hermeskeil.

Auch 78 468 hat die Zeiten bis heute überstanden. Die Lok kam erst im Dezember 1966 aus Wuppertal zum Bw Altona und erhielt 1968 die neue Loknummer 078 468-6, was jedoch nichts an ihrer z-Stellung am 4. April 1969 und an der Ausmusterung am 10. Juli änderte. Sie wurde jedoch nicht verschrottet, sondern zunächst gemeinsam mit 78 510 im Lokschuppen in Rothenburgsort und später in Wilhelmsburg bei den Freunden der Eisenbahn aufbewahrt.

Dass 78 468 exakt 30 Jahre später, seit Juli 1999, wieder putzmunter wie in ihren Jugendtagen unterwegs sein kann, ist (fast) ein Wunder. Sie fährt heute für die Emscher Park Eisenbahn in der als Freiluftmuseum hergerichteten Zeche Zollverein im Norden der Stadt Essen und wird zur Zeit sogar wieder als Wendezuglok hergerichtet. Gemeinsam mit den entsprechenden Wagen, die ebenfalls Wendezugeinrichtungen erhalten, wird sie schon bald einen Zug der fünfziger Jahre dokumentieren, wie er auch in Hamburg einst alltäglich war.

Nicht ganz so gut wie 78 468 erging es 78 420, die sich an einem Sonntag im August 1964 im Bw Hamburg-Altona von einer strapaziösen Arbeitswoche erholt. Drei Jahre später, am 11. September 1967, wurde sie z-gestellt und am 12. März 1968 ausgemustert. 94 852 (unten) war schon 1933 in der damaligen RBD Altona zu Hause – und auch noch 1966 als Verschiebelok im Bw Altona der BD Hamburg tätig.

Zunächst waren Dieselloks und Triebwagen leuchtende „Farbtupfer" inmitten der schwarzen Dampflokomotiven. Fast unmerklich, aber im Laufe der sechziger Jahre immer schneller, wurden die Dampfloks zu „Farbtupfern". Dabei waren es keineswegs nur die alten preußischen und Reichsbahnmaschinen, die in langen Kolonnen auf den Abstellgleisen standen, sondern auch die kaum mehr als 10 bis 15 Jahre alten Neubau-Dampfloks der DB.

Die Baureihen V 200^0 und V 200^1 (links oben und unten) machten besonders den Schnellzugdampfloks das Leben schwer, ohne sie allerdings (zunächst) ganz verdrängen zu können. V 200 035 und ihre stärkere Schwesterlok V 200 110 waren 1966 als Gastloks der benachbarten Hansestadt Lübeck im Bw Hamburg-Altona. Im dortigen Verschiebedienst eingesetzt wurden die ab 1956 beschafften Maschinen der Baureihe V 65, die allerdings erst 1964 nach Altona (und Lübeck) kamen. V 65 010 (oben) im Winter 1967 und V 65 006 im September 1968 (unten) waren auf dem Weg zu ihren Arbeitsplätzen. Jeweils vier dieser Lokomotiven waren ab 1964 auch im Vogelfluglinien-Bahnhof Puttgarden anzutreffen und wurden dort bis 1972 im Rangier- und Trajektverkehr eingesetzt.

In den Jahren 1952 bis 1955 wurden im Bw Hamburg-Altona die letzten Kriegsschäden beseitigt und die gesamten Betriebsanlagen hinsichtlich der hier beabsichtigten Stationierung moderner Triebfahrzeuge grundlegend renoviert, beziehungsweise Triebwagenhalle und Wasserturm neu errichtet. Mit der Beheimatung der neuen DB-Triebzüge der Baureihen VT 08^5 ab 1953 und VT 12^5 ab 1954 (rechts) konnte das Bw seine große Triebwagen-Tradition fortsetzen – auch wenn diese nicht mehr „Fliegender Hamburger" hießen.

1965, als die Bilder dieser Seite entstanden, waren die Eisenbahn-Adler auf den Stirnseiten der formschönen VT 08^5 bzw. den für den Städte-Schnellverkehr konzipierten VT 12^5 (siehe auch Seite 56) zwar durch das DB-Emblem ersetzt worden, aber dies tat ihrem optischen Erscheinungsbild keinen Abbruch. Zu diesen Fahrzeugen gesellten sich in Altona bereits ab 1957 die ersten Triebzüge der Baureihe VT 11^5 (oben). Ihre purpurrot-beige Farbgebung war völlig neu, wirkte unerhört elegant und hob sich von allem bisher dagewesenen deutlich ab. Diese Triebwagen mit dem weithin sichtbaren TEE-Zeichen auf dem vorspringenden Motorblock wurden zum Sinnbild der modernen Eisenbahn. Im großen Rundschuppen des Bw Altona (rechts) war 1964 allerdings noch V 200 050 der auf der linken Seite beschriebene „Farbtupfer" …

Trotz der im Laufe der sechziger Jahre erfolgten Umstellung auf moderne Triebfahrzeuge waren im Bw Hamburg-Eidelstedt die Unterhaltungsanlagen für Dampflokomotiven auch 1969 noch vorhanden (oben). Auf ihren weiten Wegen durch die große Stadt zu den Rangierbahnhöfen und Hafenanlagen ergänzten die Maschinen stets im nächstgelegenen Bw ihre Vorräte, wie 50 1010 vom Bw Rothenburgsort, die am 31. Januar 1969 die im Vorjahr von der DB eingeführte neue Nummer 051 010 trug. Seine große und überregionale Bedeutung erhielt dieses Bw durch die Beheimatung zahlreicher Elloks ab 1965, von denen auf Seite 90 E 10 282 und E 40 279 zu sehen sind, allerdings im Bw Wilhelmsburg. Unterstrichen wurde die Bedeutung Eidelstedts durch die Zuteilung der Ellok-Baureihe 103, deren erste Maschine, 103 135 , nach der Abnahme am 15. Juli 1971 hier eintraf. Heute ist das hochmoderne Werk Eidelstedt nicht nur Heimat-Dienststelle aller Lokomotiven der Baureihe 101, sondern auch aller ICE-1-Triebzüge der Baureihe 401 von DB Reise & Touristik.

Betriebsfähig abgestellt. Mit kompletten Triebwerken, Schildern und Lampen standen 1965 im Bw Hamburg Hbf einige der vom Strukturwandel betroffenen Dampfloks, die ihren Lebensabend noch als Heizlokomotiven verbringen durften. Mit Ölfeuerung ausgestattet war 38 2330 (unten), während 38 2206 und 38 3510 (oben) auf die klassische Art gefeuert wurden. Die beiden mit Kriegstendern gekuppelten P 8 befanden sich in einem tadellosen Zustand. Dass sie noch nicht lange aus dem AW zurück waren und daher noch jahrelang hätten fahren können, spielte in der Zeit des fortschreitenden Strukturwandels in der Zugförderung keine Rolle mehr.

Es ist schon fast selbstverständlich, dass ein Verkehrsknoten wie Hamburg Maschinen der hier abgebildeten Diesellok-Baureihen zugewiesen bekam. Das Bw Hamburg-Harburg erhielt am 16. April 1962 die fabrikneue V 100 1044 (oben), am 21. Mai 1966 wechselte diese zum Bw Altona, wo sie im Januar 1967 im Vorfeld des gleichnamigen Bahnhofs aufgenommen wurde. Am 1. Juni 1969 verließ sie die Hansestadt in Richtung Flensburg. Wesentlich früher, ab 1957, erschienen die ersten V 60 – und mit ihnen „schlug die Stunde" der Baureihe 74^4 (preußische T 12). Bis 1963 waren diese robusten Tenderlokomotiven von den Gleisen Hamburgs verschwunden. Die oben links abgebildete Rangierlok V 90 901 vertritt eine schwere Diesellok-Baureihe, die ab 1964 den Neubau-Dampflokomotiven der Baureihe 82 und den preußischen T 16^1 (BR 94^5) das Dasein schwer machte und nach und nach die 82, und schließlich auch die 94^5 ablöste. Die Bilder links oben und unten entstanden im Januar 1967 in Hamburg-Wilhelmsburg.

Nach der Flutkatastrophe im Februar 1962 mussten alle Gebäude des Bw Hamburg-Wilhelmsburg renoviert und die gesamten Gleisanlagen und die Unterhaltungseinrichtungen für Lokomotiven fast durchweg erneuert werden. So präsentiert sich das Bw Wilhelmsburg auf dieser Doppelseite als moderne und zeitgemäße Dienststelle, in der sich im Winter 1967 Maschinen aller drei Traktionarten treffen. Mit vereistem Triebwerk rückte die ölgefeuerte 41 310 vom Bw Kirchweye (oben) soeben aus, um einen Eilgüterzug über die „Rollbahn" (Strecke Hamburg – Bremen – Osnabrück – Münster – Ruhrgebiet) zu führen. Ebenfalls auf dem Weg zu ihren Zügen waren auch E 10 282 und E 40 279 vom Bw Hamburg-Eidelstedt, die über die seit 1965 elektrifizierte Strecke in Richtung Hannover fuhren. Auf der oben genannten „Rollbahn" wurde im folgenden Jahr, ab September 1968, der elektrische Betrieb aufgenommen.

82 010 im Bw Wilhelmsburg. Nach anstrengenden Arbeitsstunden kehrte die Lok in ihr Heimat-Bw zurück. Nach dem Ausschlacken und dem Ergänzen der Vorräte stellt das Personal die Lok im Schuppen ab, wo an diesem Tag wesentlich angenehmere Temperaturen herrschen als draußen. Die DB berücksichtigte übrigens diese für die Personale besonders harte Jahreszeit bei der Planung ihrer Neubaudampflokomotiven, die alle geschlossene Führerhäuser erhielten, analog der Kriegslokomotiven. Wenige Meter neben dem Bw kam kurz danach eine der Vorserien-V 160 vorbeigefahren. V 160 009 vom Bw Altona trägt im Winter 1967 bereits die neue Betriebsnummer 216 009, zu einem frühen Zeitpunkt also, denn die Umnummerierung erfolgte größtenteils im Laufe des Jahres 1968 und zog sich in einzelnen Fällen sogar bis zum Frühjahr 1969 hin.

1965 entstand das Bild mit der nach einem AW-Aufenthalt noch in frischen Farben glänzenden Harburger 50 1620 (oben) im Bw Rothenburgsort, als sie dort ihre Vorräte ergänzte. Mit der Aufnahme des elektrischen Betriebes zwischen Osnabrück und Hamburg endete am 27. September 1968 im Bw Harburg die Dampflokunterhaltung, und die Lokomotiven der Baureihe 50 wurden dem Bw Rothenburgsort zugewiesen.

Eisenbahnfotografen, die zu Beginn der siebziger Jahre in Hamburger Bahnbetriebswerken Dampflokomotiven aufnehmen wollten, hatten die Möglichkeit dazu nur noch in Altona und Rothenburgsort. Letzteres war ein reines Güterzuglok-Bw. 50 1010 (oben links), die uns bereits auf Seite 88 in Eidelstedt begegnet war, passierte 1967 in Rothenburgsort, unweit ihres Heimat-Bw, soeben den gewaltigen, die ganze Gegend überragenden Gasometer. Nicht weit von dieser Stelle kam wenig später die Harburger 50 2333 mit einer Übergabe daher, die wahrlich nicht kürzer sein konnte. Nachdem am 28. Mai 1972 der elektrische Betrieb auf der Hamburger Güterumgehungsbahn aufgenommen worden war, standen die Rothenburger Lokomotiven monatelang nutzlos herum, ehe sie im Oktober 1972 beim Bw Lehrte nochmals eine neue Heimat fanden, unter ihnen die beiden abgebildeten Maschinen.

Am 1. November 1972 endete im Bw Hamburg-Rothenburgsort die Dampflokunterhaltung. Die DB-Neubaudampfloks der Baureihe 82 waren zu diesem Zeitpunkt in Hamburg seit Jahren abgestellt und ausgemustert. Aber bis zum oben genannten Datum hielten sich die drei letzten preußischen 94^5 bzw. 094, wie man sie seit 1968 bezeichnete (094 616, 640 und 712) und wurden sogar noch nach Lehrte umbeheimatet. Ganz soweit war es an dem Wochenende im Sommer 1967 jedoch noch nicht. Weder das Ende des Bw noch des Dampfbetriebes waren absehbar, als 82 014 (oben links) und 82 007, nochmals 82 014 und im Schuppen 82 013 (oben rechts) auf Arbeit warteten. Für 94 734 war die Sonntagsruhe allerdings vorbei. Rechts 94 1581 und 82 013.

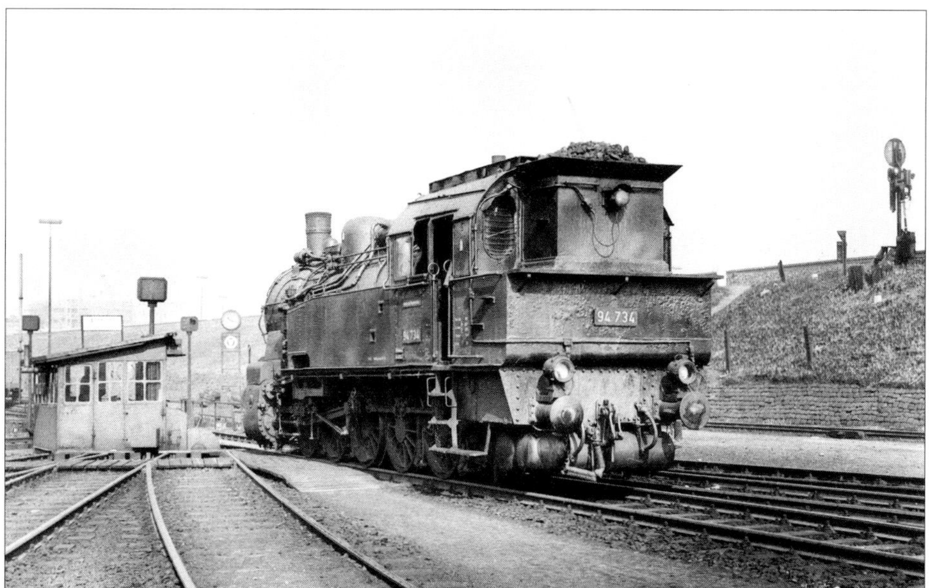

Das Stimmungsbild vom Bahnbetriebswerk Hamburg-Rothenburgsort, in dem 1969 noch Hochbetrieb herrschte, soll dieses Kapitel abschließen. Drei Jahre später wurde diese Dienststelle geschlossen.

Verkehrsknoten Hamburg 1965 bis 1969/70

Hamburg Hauptbahnhof Mitte der sechziger Jahre. Trotz des fortschreitenden Strukturwandels in der Zugförderung konnte die DB auf viele Dampflok-Baureihen noch nicht verzichten, auch nicht in hochwertigen Zugdiensten. 01 1063 vom Bw Osnabrück Hbf war soeben mit E 1946 (Hamburg – Essen-Altenessen – Düsseldorf – Remscheid-Lennep) eingefahren und musste wegen der Länge des Zuges – in dem zusätzlich ein Post- und ein Packwagen mitgeführt wurden – bis an das Ende der Bahnsteigüberdachung vorziehen. Den kraftvollen, in den fünfziger Jahren mit neuen Kesseln ausgestatteten Schnellzugdampflokomotiven der Baureihe 01^{10}, von denen 34 eine Ölfeuerung erhielten, oblag damals noch die Beförderung zahlreicher Züge – besonders der schweren und schnellen – zwischen Hamburg und Köln. An die Leistungen dieser einst stromlinienverkleideten Maschinen reichten auch die V 200 nicht heran. Diese wurden daher überwiegend vor leichten F-Zügen eingesetzt. Die Abfahrtszeit für E 1946 war 11.04 Uhr.

V 100, V 160 und V 200 hatten den Dampfloks der Baureihe 78 viele Streckenleistungen abgenommen. Diese übernahmen nun u. a. Verschubdienste der ausgemusterten Baureihe 74, so z. B. das Zustellen von Postwagen zum benachbarten Postamt (oben und unten). 78 013, die im Oktober 1966 mit dieser Arbeit beschäftigt war, kam im selben Jahr aus Wuppertal zum Bw Altona, wurde jedoch schon am 21. August 1967 z-gestellt und am 12. März 1968 ausgemustert.

01 1060 (Bw Osnabrück Hbf) vor einem der schweren Schnellzüge aus Richtung Osnabrück/Bremen im Juli 1967 in Hamburg Dammtor, nicht weit davon entfernt ein S-Bahn-Zug der Baureihe ET 171 (rechts) und viel Betrieb bei der S-Bahn im Hauptbahnhof (oben rechts), beide im März 1969 aufgenommen.

Auf der rechten Seite oben verlassen im April 1968 zwei der zeitlos-eleganten Triebzüge der Baureihe VT 12^5 den Bahnhof Hamburg-Altona. Darunter hatte E 10 410, eine der modernen Einheits-Elloks der DB, die uns auf Seite 84 schon einmal begegnet war, einen Schnellzug übernommen, dessen Zugführer soeben den Bremszettel ausgefüllt hatte und diesen nun dem Lokführer übergab. Und schließlich im Juli 1967 die Lübecker V 200 047 neben der mit einem Schnellzug ausfahrenden Osnabrücker 01 1077. Diese Lok wurde im folgenden Jahr – von September 1968 bis September 1972 – zum Bw Altona umbeheimatet.

Die Bilder dieser Doppelseite stellen nur einen kleinen Querschnitt des Eisenbahnalltags in der Hansestadt in der zweiten Hälfte der sechziger Jahre dar.

DB
E10 410

01 1077

78 420 setzte im Juli 1966 im Vorfeld des Bahnhofs Altona einen ehemaligen Pw4ü-28 oder 29 um, dessen Zugführerkanzel, wie bei vielen anderen Wagen dieser Gattung, abgebaut worden war. Diese Lok war jahrzehntelang in Hambug zu Hause, mal im Bw Altona, mal im Bw Hbf und dann wieder in Altona. Zum Zeitpunkt der Aufnahme war ihre Zeit schon fast abgelaufen, nur etwas mehr als ein Betriebsjahr hatte sie noch vor sich. Am 11. September 1967 wurde sie von der Ausbesserung zurückgestellt (z-gestellt), kam dann zwar noch nach Harburg – aber nur buchmäßig. Ihr Schicksal ereilte sie mit der Ausmusterung am 12. März 1968.

Aber nicht nur mit den Dampflokomotiven ging es in jenen Jahren steil bergab, sondern auch mit den Straßenbahnlinien der Hansestadt. Vor dem Bahnhof Altona (unten links und Mitte, 1967) sowie vor den Landungsbrücken (unten rechts, 1967) rollten noch die Straßenbahnen, aber mit dem Abriss des Bahnhofs Altona 1976 war es auch dort vorbei.

Am 30. September 1978 wurde in Hamburg der restliche Straßenbahnbetrieb eingestellt – für immer?

Geradezu klassisch waren viele der in den sechziger Jahren noch eingesetzten Wagen. Der im F 191 „Skandinavien-Holland-Express“ mitgeführte Speisewagen der Internationalen Schlafwagen- und Speisewagen Gesellschaft (ISG, oben) erinnert an den „Orient-Express“. 94 734, die bereits auf Seite 101 links unten zu sehen war, zog im Bahnhof Altona Schlafwagen-Neubauten der fünfziger Jahre ab. Der Schlafwagen der Gattung WLAB4ü-28 (unten) trug 1967 bereits die neue Bezeichnung WLABü und fuhr auf Minden-Deutz-Drehgestellen. Ebenfalls mit neuer Nummer unterwegs war der in Basel Badischer Bahnhof beheimatete Speisewagen der Gattung WR4ü-38 (rechts unten), der nun als WRüg[152] bezeichnet wurde.

Nach der vollendeten Elektrifizierung der Nord-Süd-Strecke war klar, dass die Elektrifizierung der „Rollbahn" Hamburg – Bremen – Osnabrück nur noch eine Frage der Zeit (und des Geldes) sein würde. Aus betrieblichen Gründen – damals gab es noch keine Gleichstrom-S-Bahn im Süden Hamburgs – forderte die BD Hamburg die Elektrifizierung der mit Regional- und Vorortzügen stark belegten Unterelbe-Bahn bis Stade. Dies bot sich geradezu an, da das Unterwerk Harburg für die Stromversorgung dieser Strecke ausreichte. Ein „Knackpunkt" bei der Planung war der auch von der Straßenbahn benutzte Bahnübergang Schloßmühlendamm. Jeder einigermaßen Eingeweihte erwartete nun, dass dieses der HHA ein willkommener Anlass zur Verkürzung der Straßenbahnlinie 11 sein würde. Erstaunlicherweise war das jedoch nicht der Fall. Man bemühte sich um eine Lösung. Es wurde von der AEG eine Fahrleitungskreuzung erstellt, die möglicherweise einmalig auf der Welt war, denn wo trafen sich 600-Volt-Gleichstrom mit Rollenstromabnehmer und 15-kV-Wechselstrom mit Scherenstromabnehmer? Es ging also nicht nur – wie z. B. in Düsseldorf – um eine relativ einfach zu bewerkstellende Umschaltung von Fahrleitungsabschnitten, sondern auch noch um deren Wechsel zwischen unterbrochen und durchgängig! Nun, die AEG schaffte es, und zum Winterfahrplan 1968/69 ging dieses „Bauwerk" in Betrieb. Die Straßenbahn, zuletzt als Linie 12, wurde aber dann doch bereits zum 23. Mai 1971 aus Harburg zurückgezogen.

Bildautoren

Carl Bellingroth/EK	6, 16, 19, 32 or, 32 ur, 47 u, 53 o, 54 ol, 54 ul, 77 ul, 82 ul.
Gerhard Greß/Slg. Greß	2 l, 11, ul, 58 u, 62ol, 62 ul, 65 ol, 66 ol, 69 u, 71 ul, 72, 73, 81, 82 ol, 83, 84, 85, 86, 87, 88, 89 ul, 90, 91, 92, 93, 94, 95, 96 or, 96 ur, 97, 98, 99, 100, 101, 102, 103, 106, 107, 108, 109, 110, 111.
Hermann Hoyer/Slg. Hoyer	2 r, 4 or, 4 ur, 8 o, 10 r, 12 o, 12 u, 14 l, 15 l, 17, 20 r, 21, 22 l, 24 or, 24 ul, 24 ur, 25, 26 , 27 u, 28, 30 ol, 30 or, 31, 32 ol, 32 ul, 33 l, 35 l, 38 ul, 41ul, 41 ur, 42 u, 49, 50, 51, 60 ol, 61 u, 62 r, 63, 66 u, 69 o, 70, 71 o, 71 ur, 73 r, 77 ur, 77 ur.
Uwe Jens Jansen	56 o, 56 u, 57 or.
John Jürgens	57 l, 58 o, 58 r, 64 u.
Günter Köhler	18 l, 20 l, 26 o, 26 u, 41 0, 43 ur, 44 ol, 44 or, 60 ur.
Slg. Dierk Lawrenz	8 u, 10 u, 13 o, 14 r, 18 r, 22 r, 24 ol, 27 or, 29 l, 30 u, 33 or, 33 ur, 43 o, 43 ul, 44 u, 45 ol, 48, 61 o, 77 l.
Günter Menck	112.
Slg. Gerd Neumann	15 r, 29 or, 29 ur, 34, 35 0l, 35 ul, 35 M, 35 or, 35 ur, 36, 37 ol, 37 ur, 38 ol, 38 or, 38 ur, 39, 40, 42 o, 45 or, 45 u, 46 u, 52 o, 53 u, 54 r, 55, 56 r, 57 ur, 59, 64 o, 65 or, 65 ur, 66 or, 68, 74, 75, 76, 89 ol, 89 r.
Peter Pekny	78, 79, 80.
Slg. Dr. Brian Rampp	52 u, 60 or, 60 ur, 67.
Joachim Rodatz	23.
Rainer Schnell	82 r, 96 l, 104, 105.
Slg. Dr. Thomas Samek	7, 9, 10 o, 11, 12 r, 46 o.
Slg. Ernst Andreas Weigert	4 ul, 13 u, 27 ol.
Slg. Hansjürgen Wenzel	4 ol, 37 ul, 47 o.

Erläuterungen: r = rechts, l = links, o = oben, u = unten, M = Mitte.

Literatur:

Hermann Hoyer – „Die Hamburger Straßenbahn" Band 1, 2und 3, Verein Verkehrsamateure und Museumsbahn e.V., Hamburg

Hermann Hoyer – „Die Fahrzeuge der Hamburger Hochbahn", Verein Verkehrsamateure und Museumsbahn e.V., Hamburg

Hansjürgen Wenzel – „Die Baureihe 01", EK-Verlag Freiburg 1980

Hansjürgen Wenzel – „Die Baureihe 03", EK-Verlag Freiburg 1979

Hansjürgen Wenzel – „Die Baureihe 05", EK-Verlag Freiburg 1978

Ebel/Knipping/Wenzel – „Die Baureihe 78", EK-Verlag Freiburg 1990

Ebel/Wenzel – „Die Baureihe 74", EK-Verlag Freiburg 1995

Hansjürgen Wenzel – „Die Baureihe 94", EK-Verlag Freiburg 1980

Roland Hertwig – „Die Einheits-Elloks der DB", Band 1 und 2, EK-Verlag Freiburg 1995